AF417627

Por qué brillan las estrellas: el color de la vida

Juan Vte. Santacreu

A mi compañera Rosa y a mi hija Natalia, dos estrellas que brillan en mi corazón y dan color a mi vida.

Índice

Agradecimientos

Según las normas editoriales, los agradecimientos se escriben al final de cualquier libro, pero pienso que es incorrecto. Rosa siempre nos ha inculcado a Natalia y a mí que debemos ser, ante todo, agradecidos. Así que, permíteme que me salte las normas como acostumbro y que muestre mi gratitud de entrada.

Ahora, mientras estoy escribiendo estas palabras, mi corazón se llena de reconocimiento y amor hacia mis dos estrellas. A medida que las letras se entrelazan en las páginas de este ensayo, no puedo dejar de reflexionar sobre el increíble papel que han desempeñado en mi vida y en la puesta en marcha de este libro que tienes entre tus manos.

Rosa, mi compañera, amante y amiga. Tú has sido mi catalizador, mi apoyo inquebrantable a lo largo de todos estos años. Desde el momento en que compartí mis primeras hipótesis contigo, estuviste ahí, apoyándome y moderando mi visceralidad. Has sido mi musa, inspirándome con tu presencia y tu estímulo incondicional para ignorar a los estirados. Tu paciencia infinita y tus palabras de ánimo me han dado fuerzas en los momentos en que más lo necesitaba: «Cuando otros solo ven puertas cerradas, tú ves luz por las ventanas».

Tu fe en mí y en mis ideas ha sido un faro en las noches sin estrellas. Gracias por creer en mí cada vez que yo mismo dudaba, por apoyarme cuando mis planteamientos parecían incomprensibles para el mundo racional. Eres mi compañera y mi fuente de inspiración, y por ello, te dedico este libro con gratitud. A partir de ahora, no me preguntes por qué brillan las estrellas, mírate en el reflejo de un lago, y dímelo tú.

Natalia, mi lucero del alba, verte crecer y convertirte en una jovencita tan extraordinaria, es un privilegio indescriptible. Tu pasión por el conocimiento y tu mente curiosa han sido un constante recordatorio de la belleza y la magia que encierra el universo que nos rodea. Desde tus nueve años, cuando comencé a dar forma a mis hipótesis, has estado ahí, queriendo comprender las atomicidades que le contaba a la mamá. Fue justo a los nueve añitos cuando me entregaste una notita, de esas tantas que solías escribir: «Papá, te quiero con todos los átomos de mi cuerpo».

Dedico este libro, a mi estrella del alba, con la esperanza de que encuentres en sus páginas un reflejo de tu espíritu brillante.

No puedo obviar en este espacio de gratitud a Vicente Valero Belenguer, mi padrino. Una persona excepcional que, desde cualquier lugar recóndito de alguna galaxia donde solo reposan las buenas personas, me ha iluminado el camino a lo largo de mi vida saltándose las leyes del espacio, tiempo y la relatividad.

Y finalmente, y aunque no te conozco, quiero dedicártelo a ti que, gracias a mis estrellas, puedo compartir contigo todas mis inquietudes. Si llegas al final del libro, habremos pasado bastantes ratos juntos cuestionando lo establecido y cabreando a muchos estirados. En alguna ocasión he escrito esta frase: «Un conocimiento que es nuevo y contrario a una forma cómoda de pensar puede ser una amenaza y a veces se reacciona de manera violenta contra él».

En este apartado de gratitud no puedo obviar a los lectores cero que participaron amablemente con sus análisis y opiniones. Todos ellos dieron el último impulso para que finalmente este trabajo terminara entre tus manos.

Aparte de mis dos estrellas, que fueron las primeras en ojear mi manuscrito, quiero manifestar mi agradecimiento a Begoña Guerrero Ruá, María José Cuñat, Eva María Montero, Alberto Pitarch, Carlos Díaz Martínez, Magdalena Lara, Enrique Galán, Gonzalo M. Carrasco Lara y Coira, Vicente Torres y José Ramón Viana.

Juan Vte. Santacreu

14

Introducción

En este ensayo, rompo con el puritanismo académico para evitar que se convierta en un «estirado» libro de lectura exclusivo destinado a minorías. Mi objetivo es ofrecerte un «handbook» de divulgación científica entretenido y accesible para todo tipo de lectores. ¡Y sin matemáticas! Si algún científico decide leerlo, que no se corte, solo debe mantener la mente abierta y estar dispuesto a aventurarse en terrenos desconocidos. Estoy seguro de que comprenderá todas mis locuras, aunque no las comparta. La historia ha demostrado que en ocasiones los locos abren caminos que luego siguen los sabios.

En el relato que te propongo hay tres protagonistas principales: los científicos cuánticos corporativos, a los que llamaré «los estirados», que no permiten intrusos en su dominio; los átomos, que detendré en el espacio-tiempo para revelar ciertos secretos, aunque no todos, y tú, con quien voy a compartir mis pensamientos.

Es posible que en futuro te cruces en tu vida con algún estirado que se escape de su mundo dimensional para divulgar en la comunidad científica ciertos enigmas cuánticos que estás a punto de descubrir en esta historia. Cuando eso ocurra te quedarás perplejo con cara de póker, pero al instante se iluminará tu rostro dibujando la mejor sonrisa de satisfacción, como diciendo: «¡todo eso ya me lo sabía yo!».

¡Uy! Casi se me olvida mencionar a los «sacapuntas». Estos son unos expertos analistas sociales. Se creen los dueños de la verdad absoluta y siempre tienen algo que apuntar. Aunque personalmente me divierten, en realidad son ignorables. Son críticos sociales que, a través de las redes, se esfuerzan en encontrar cualquier error superficial que nada tiene que ver con el tema esencial.

Ya que estamos todos presentados, déjame que te cuente de qué va esto. La historia comenzó hace algunos años, alrededor de 2005, cuando llamó mi atención un anuncio de Google que decía: «¿Quieres saber por qué brillan las estrellas?». En ese momento pensé que era la mayor estupidez jamás escrita. Mi respuesta sincera, pero impulsiva, surgió del corazón sin pasar por el cerebro: «Las estrellas brillan porque tienen fuego, ¿no? Emiten luz, y ya está».

En realidad, mi torpeza me impidió ver que la propuesta de Google, lejos de ser absurda, era inteligente y tenía un trasfondo interesante. Resulta que nadie, al menos hasta ahora, sabe realmente por qué brillan las estrellas. Permíteme aclarar que no me refiero a cómo se produce la luz en las estrellas, que obviamente se debe a la fusión nuclear interna, sino por qué vemos esa luz; la luz de las estrellas.

Fue entonces, alrededor de 2005, cuando decidí analizar científicamente la pregunta de Google: «¿Por qué brillan las estrellas?». Luego, me centré en algo más cercano, analicé cómo se genera la luz que produce el fuego. Más tarde, me fijé en la luz de una bombilla con sus locos electrones correteando a través del filamento. En resumen, empecé mirando las estrellas y terminé analizando los átomos. Por cierto, prepárate para descubrir un nuevo modelo atómico con mi exposición. Comprobarás que los átomos no deben ser exactamente como nos ha explicado la comunidad científica. De eso va esta historia.

Mi desafío consistirá en explicarte de manera sencilla por qué brillan las estrellas. Te garantizo que, si no eres un estirado, lo entenderás todo. No utilizaré matemáticas, ni mencionaré conceptos abstractos como gravitones, espín, bosón de Higgs o la Teoría de las Cuerdas, porque no es necesario. Sin embargo, sí modificaré algunos aspectos de la física cuántica para explicarte qué es la luz y, de paso, te desvelaré ciertas malas interpretaciones de la ciencia sobre muchos efectos cuánticos.

Si te gusta mi propuesta, siéntate, acomódate y despójate de todas tus convicciones, porque te voy a sumergir en un mundo irracional donde conceptos como arriba o abajo, dentro o fuera, y antes o después pierden su significado.

Todo lo que descubrirás en estas páginas lo escribí en un borrador en el año 2009 y lo registré bajo la propiedad intelectual V-1542-09. Posteriormente, lo publiqué en el portal de Internet www.portalciencia.es. Es curioso que algunos de los aspectos de mi trabajo, la comunidad científica los está aceptando sin que nadie haya citado mi fuente, pero no hay problema, yo lo escribí antes y ahí quedó publicado.

Por último, permíteme contarte que las conclusiones a las que he llegado después de años de análisis de la luz, han sido deducidas utilizando el método empírico. Primero imaginé cómo debería ser la estructura del átomo para que la corriente eléctrica y la luz tuvieran una explicación racional. Luego apliqué mi diseño atómico al efecto Peltier, al magnetismo, la producción de luz mediante LED o filamentos, la polarización de la luz y los fotones, entre otros fenómenos, para comprobar que todo encajaba. Al verificar que mi modelo atómico respondía a todas mis interrogantes, deduje que estaba en el camino correcto. Si alguno de los fenómenos analizados no hubiera acoplado con mi trabajo, este ensayo no habría visto la «luz».

Al grano

Este libro lo he dividido en tres secciones claramente definidas. En la primera parte, te expongo de manera concisa lo que explica la comunidad científica acerca de la naturaleza de la luz. A continuación, hago un breve resumen de mi exposición sobre la física de la luz, facilitando así la lectura para los «miratítulos» que son lectores poco practicantes.

En la segunda parte de este ensayo, desarrollo todos los elementos integrantes de mi trabajo sobre la física de la luz. Incluyo la estructura del átomo, la gravedad, el magnetismo y las ondas de radiofrecuencia, entre otros, sin olvidarme del elemento fotón y la explicación de la dualidad onda partícula. Quizás, esta sea la cuestión que más trae de cabeza a los científicos.

Finalmente, en la tercera parte reconozco que se me fue la olla, pero es la más divertida porque me dejé llevar un poco y es donde las cosas se ponen interesantes. Aquí comparto todas las ideas que se me ocurrieron al profundizar durante tantos años en el estudio de la luz. Te cuento mis conclusiones sobre los agujeros negros, las auroras boreales, las manchas solares y las sequías, entre otros temas. Es la parte más flipante y, supongo, que en algunos conceptos puede que no esté en lo cierto, pero te prometo que para meterme en esos charcos no tomé nada fuerte, solo mucha cafeína nocturna, que de momento no está prohibida y se vende sin receta.

En resumen, mi objetivo con este ensayo es dar a conocer mi hipótesis de forma amena y de fácil lectura, para que pueda ser comprendido por jóvenes con mente abierta, desde los 15 hasta los 90 años, y despertar en ellos lo más valioso que tiene la humanidad: la curiosidad.

* NOTA — Antes de meterte en mi historia, debes saber que los términos ondas electromagnéticas, ondas de radiofrecuencia, ondas hertzianas y quizá algún vocablo más, son sinónimos que hacen referencia a las ondas de radio, luz, etc. Personalmente, creo que el término correcto sería

llamarlas ondas de campos magnéticos alternos —CMA—, porque en realidad, eso es lo que son.

Sobre la palabra aceptada por la ciencia de ondas electromagnéticas, no lo entiendo. Pronto comprobarás que la electricidad y los electrones no participan en esta fiesta. Es cierto que en ocasiones también utilizo este término, pero es solo por desliz o por respeto histórico.

El equipaje para la travesía

Para nuestro viaje, no necesitas ningún equipo especial, aunque todos los pronósticos indican que será una travesía convulsa y compleja. No obstante, es conveniente llevar una mochila ligera y sin arquetipos preestablecidos. Por ello, te recomiendo que dejes en tierra todo tipo de prejuicios, esquemas y conceptos predefinidos para que puedas explorar nuevos horizontes con total libertad.

Como te mencioné en la intro, no necesitarás ni siquiera una fórmula de matemáticas, y te prometo que no seré yo quien te lo sugiera para comprender las distintas etapas de nuestro viaje. Sin embargo, hay tres conceptos imprescindibles que debes conocer con soltura y fluidez: oscilador, resonador y frecuencia. Estos vocablos los encontrarás en cualquier bibliografía técnica como resonancia, circuito resonante, elemento resonante, oscilador, circuito oscilador, elemento oscilador, frecuencia, ondas, y seguramente algún término más.

Estos conocimientos son sencillos, pero a menudo muchos especialistas de distintas áreas profesionales los confunden, o por lo menos no tienen muy claro sus conceptos.

Todos estos términos se resumen en tres: circuito o elemento oscilador, circuito o elemento resonador y frecuencia a la que resuenan u oscilan los elementos. Tres conceptos que debes comprender tan claro como la diferencia entre blanco y negro. Términos que deben fluir por tus neuronas con una clarividencia impresionante.

Aunque no soy muy amigo de posturear con *palabros* técnicos, estos tres términos van a ser de uso continuo en nuestro viaje. Tranqui, te los voy a explicar de forma tan sencilla, que no comprenderás cómo hay profesionales que los confunden o no los entienden.

Oscilador: Un circuito, elemento o partícula llamado «oscilador» es capaz de generar una onda de radiofrecuencia de forma continua y estable por sí mismo. A menudo, este término se confunde con «resonador».

Resonador: Un circuito, elemento o partícula que lleve el apelativo de «resonador», significa que es capaz de oscilar, pero ¡ojo!, solo cuando recibe una onda de la misma frecuencia a la que puede resonar. Podríamos decir que es un replicante.

Insisto porque es esencial que tengas claro estos dos conceptos: los dos modelos emiten una frecuencia, la diferencia es que un oscilador la genera de forma autónoma, y el resonador lo hace cuando recibe una onda a la frecuencia que es capaz de resonar.

Frecuencia: Este término, al igual que muchos que aparecerán en nuestro viaje, no debería explicártelo, porque para ello está GoogleGod o Gepeto —ChatGPT—, pero ya puestos, te cuento. La frecuencia es la periodicidad con la que una onda se repite por segundo.

Gracias a estos tres sencillos bártulos, estaremos listos para embarcar en este viaje con la seguridad de que no vamos a naufragar.

Más adelante, en los diferentes puertos de amarre, te iré contando de forma detallada estos conceptos y otros, pero para iniciar el viaje creo que esta sencilla explicación te ayudará a comprender todas las escalas que te vaya descubriendo de nuestra travesía.

24

Primera parte

Los dos enfoques de la luz

¿Qué nos dice la ciencia actual sobre la luz?

Voy a relatártelo de forma muy sencilla para que no te compliques la vida y de paso, evitaremos que se agobien los «miratítulos». La ciencia nos dice que la luz visible es una onda electromagnética que viaja desde un foco emisor, por el vacío o diversos medios, hasta que tropieza con un objeto opaco. Cuando eso sucede, la luz rebota y llega a nuestros ojos, permitiéndonos ver ese elemento.

Si vemos una cosa de color verde, significa que ese objeto absorbe todos los colores de la luz, excepto el verde, que es el que se refleja hacia nuestros ojos. Por ello percibimos ese cuerpo como verde. En resumen y de forma sintetizada, esto es lo que explica la ciencia.

Lo que no aclara la ciencia es qué sucede con los colores que absorbe. No se sabe bien quién se los queda o dónde van esos colores absorbidos. En ocasiones he escrito que la energía es como el dinero, si no lo tienes tú, alguien lo tiene, pero no desaparece.

Qué dice mi hipótesis sobre la luz

La primera conclusión que podremos extraer de mi trabajo

es que la luz no es visible. No existe un rango de frecuencias electromagnéticas visibles e invisibles. De hecho, la luz pasa por delante de nosotros continuamente sin que podamos percibirla. Dicho esto, entonces, ¿por qué vemos las estrellas?

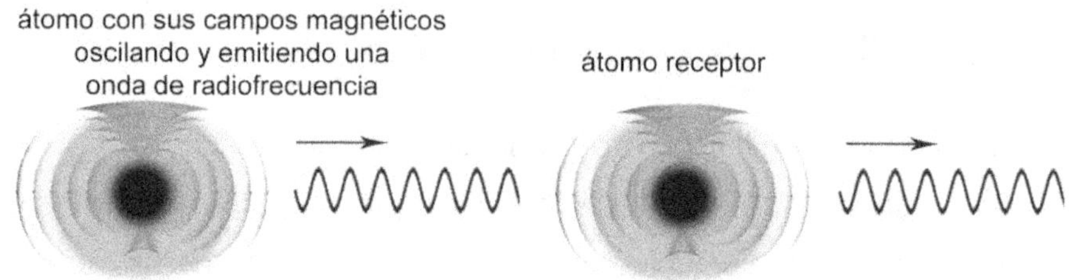

según mi exposición, los átomos no reflejan la luz, entran en resonancia y emiten una nueva onda a la frecuencia recibida

De forma breve te voy a resumir el trabajo de mi libro. La luz la generan los átomos con la oscilación vertical norte-sur de sus campos magnéticos a una frecuencia determinada. Al oscilar, generan ondas de campos magnéticos alternos, denominados por la ciencia como ondas electromagnéticas, que viajan infinitamente. La luz no es visible y no se refleja bajo ningún concepto. Sin embargo, hay una excepción interesante: imagina que un tren de ondas de campos magnéticos alternos, esas ondas electromagnéticas, inciden en un átomo receptor cuyo propio campo magnético es capaz de resonar a la misma frecuencia. En ese caso, el átomo receptor entra en resonancia y comienza a oscilar, emitiendo esa frecuencia de nuevo. Sintetizando, los átomos no funcionan como espejos, sino de forma similar a los repetidores que utilizamos en las telecomunicaciones.

De hecho, mi enfoque se acerca más al pensamiento de los filósofos griegos que a la ciencia actual. La historia cuenta que, cuatrocientos años antes de Cristo, el filósofo Empédocles creía que los cuerpos emitían luz. Puede parecer una tontería, pero tal vez el griego no andaba muy desorientado.

A lo largo de todos los capítulos, podrás comprobar cómo esa energía invisible que llamamos luz, sigue los mecanismos establecidos en mi trabajo. Al final, y aunque por distintos caminos, llegarás a la conclusión que el griego Empédocles tenía razón: vemos los cuerpos porque emiten luz.

La historia de ciencia más bonita jamás contada

Es posible que, a lo largo de nuestro viaje, el casco de la embarcación haga agua por alguna parte. Ten en cuenta que nuestra barcaza debe soportar todo el peso de este impresionante edificio de la ciencia. Pero no te alarmes, parece que la estructura resistirá muy bien.

Toda la arquitectura de esta nave, en la que recorreremos los principales puertos del conocimiento científico, la he construido con materiales muy básicos junto con cierta dosis de imaginación y un buen pellizco de creatividad. Si a lo largo del crucero se produce una brecha en el casco, tranquilo, no dudes que acudirá algún físico ilusionado y colaborará para solucionar cualquier problema de incertidumbre.

Referente a mis conjeturas científicas, en ocasiones le he comentado emocionado a Rosa que «esta es la historia de ciencia más bonita jamás contada» porque cumple con el principio de la navaja de Ockham.

En cierto aspecto es natural que defienda mi proyecto, mientras escribo el libro me ilusiono dando forma a mi criatura. Aunque no soy de letras, me esfuerzo para contarte de una manera comprensible, la belleza de mi historia. Es hermosa porque ofrece respuestas sencillas a algunas de las preguntas complejas que la ciencia resuelve con incertidumbre. Además, se puede exponer de forma clara y armoniosa.

Fíjate, en mi hipótesis encontrarás respuestas tan dispares como la dualidad del fotón y el origen de la gravedad. Dos grandes hitos para la ciencia actual.

Estoy convencido de que, en algún momento, muchas mentes maravillosas han pasado de largo sin analizar cualquier arquitectura del átomo similar a la mía. Seguramente, no se han detenido debido a la obcecación por querer encontrar respuestas complejas a preguntas sencillas. En ocasiones, las soluciones son más naturales de lo que presuponemos; tan solo es cuestión de observar el fenómeno desde otro punto de vista.

Einstein nos recordaba a menudo pensamientos como este: «La imaginación es más importante que el conocimiento». Es cierto. No obstante, con permiso del maestro, matizaría que la imaginación es más productiva en cerebros sin contaminar. En otras palabras, en mentes sin demasiados conocimientos. Esta particularidad otorga libertad para explorar nuevos campos sin arquetipos preestablecidos.

No hay nada más vicioso y prejuicioso para la creatividad que el exceso de conocimiento, por ello, una cierta dosis de ignorancia puede ser interesante al investigar caminos absurdos que, de otra manera, jamás se explorarían. «Si una idea no parece absurda de entrada, pocas esperanzas hay para ella» — Albert Einstein.

Por otra parte, los análisis rápidos permiten evitar errores sistemáticos que inexorablemente surgen tras una reflexión prolongada. En ocasiones, se obtienen mejores resultados cuando no se piensa demasiado proporcionando el principio de la navaja de Ockham.

Si en algún momento el tiempo y la ciencia aceptan mis postulados, y entonces me preguntas: ¿cómo llegaste hasta ahí? Recuerda la legendaria respuesta: no pensé que fuera imposible.

Segunda parte

La imaginación base del avance científico

Todas las teorías científicas aceptadas en la actualidad fueron concebidas por personas que trastocaron los esquemas de lo científicamente correcto de su época. Sin lugar a duda, sucedió con la implacable oposición de sus contemporáneos estirados.

Hoy en día nadie se atreve a reírse de Einstein, pero imagina la matraca que dieron los estirados cuando el maestro empezó a darle vueltas a los inicios de sus magistrales teorías.

Creo que Einstein gestó su locura queriendo imaginar qué pasaría si viajáramos a la velocidad de la luz. En la actualidad, estamos familiarizados con estos conceptos, pero en aquella época había que estar muy mal del coco, o ser un genio para poder imaginar tal locura. A pesar de ello, ahí quedó su legado inalterado a través del tiempo y espacio.

En mi opinión, la mayor genialidad de la fantasía de Einstein radicó en imaginar que el tiempo y el espacio eran relativos. Un hecho aceptado por todos y comprendido por muy pocos.

Para resaltar aún más la fuerza de la imaginación, observa cómo todas las fantasías tecnológicas que hemos visto a lo largo de la historia en las películas de ciencia ficción se han convertido en realidad.

¿Recuerdas la serie Star Trek? Tal vez no porque seguramente no habías nacido en los años 60. En algunas de las escenas de la película, el capitán James T. Kirk aparecía con un dispositivo similar a un interfono en la mano. Veinte años después, el ingeniero Martin Cooper, inspirándose en esas escenas, diseñó el primer teléfono móvil. Lo hizo realidad de la mano de Motorola. Es cierto que en ese momento no fue muy móvil, más bien parecía un ladrillo, pero dio pie al smartphone que hoy tienes justo a tu lado.

Hablando de fantasías predictivas alucinantes, debo mencionarte la gravedad artificial de la nave Discovery 1 o la inteligencia artificial en la película «2001: Una odisea del espacio» del año 1968. Una época en la que los ordenadores fueron tan solo una fantasía difícil de imaginar. Ya ves, todo lo que la humanidad puede fantasear, pronto o tarde, se convierte en realidad. Por eso hay que tener cuidado con lo que soñamos.

En resumen, la imaginación desempeña un papel fundamental en el desarrollo de la ciencia ya que permite a los investigadores explorar ideas inéditas y generar nuevos puntos de vista sobre el universo que nos rodea. La ciencia progresa al proporcionar nuevos modelos y teorías, para luego ponerlos a prueba mediante experimentos.

No soy el único ni el primero que ha imaginado, y mucho menos, en este mundo cuántico donde la razón pierde su sentido. Incluso si mis ideas creativas no son del todo correctas, es posible que esté abriendo caminos de futuras investigaciones, porque soñar no solo es bueno, sino necesario. Un día la humanidad soñó con volar, y voló mucho más lejos de lo que jamás imaginó.

Las dos fuerzas fundamentales

Creo que las dos únicas fuerzas que existen en la naturaleza son: el magnetismo y la gravedad. Es cierto que la comunidad científica reconoce estas dos fuerzas, pero además añade la fuerza nuclear fuerte y la fuerza nuclear débil. Personalmente, considero que estas fuerzas derivan de las dos fuerzas fundamentales que te he mencionado.

Resulta curioso que la ciencia conozca tan poco sobre el origen de la gravedad y del magnetismo, las dos energías que mueven el mundo cuántico y el universo.

En el caso del magnetismo, resulta sorprendente que la humanidad sea capaz de crear, reproducir y modular el magnetismo sin conocer su origen. Esta particularidad no es nueva y se ha dado en muchos campos.

Desde los albores de la humanidad supimos utilizar, manipular y almacenar el agua sin conocer sus componentes básicos, y mucho menos sin sospechar que en realidad se trataba de dos gases.

En 1827, André-Marie Ampère dijo con bastante acierto: «El orden en el que uno descubre los hechos no tiene nada que ver con su realidad en la naturaleza».

Si comparamos el conocimiento científico con un gran rascacielos, podemos afirmar que hemos investigado casi todos los pisos del edificio, en cambio, seguimos bastante ignorantes de lo que esconden los bajos del rascacielos.

En cuanto a la gravedad, sucede algo similar; de momento sabemos dejarnos atrapar o escapar de ella. Quizás, un poco más. En realidad, tan solo conocemos que es una fuerza infinita y cuál es su aceleración.

A lo largo de mi ensayo, te descubriré los secretos de estas dos fuerzas y su origen. A medida que profundicemos en estos y otros temas, es posible que mis conjeturas puedan replantear a la ciencia algunos aspectos sobre estas dos fuerzas fundamentales al ofrecer una nueva perspectiva totalmente distinta.

Tres formas y media de transmitir información

En la naturaleza existen tres medios o formas de energías —denomínalos como quieras— que, al modularlos, pueden utilizarse para transmitir información: el control de tránsito de los electrones, es decir, la electricidad de toda la vida; la modulación del aire, y la modulación de los campos magnéticos alternos, que popularmente se denomina radiofrecuencia.

Todas las formas conocidas para transmitir información emplean alguno de estos tres métodos.

Por ejemplo: la fibra óptica, las emisoras de radio y televisión, bluetooth, satélites, wifi, infrarrojos, NFC —Near Field Communication—, entre otros, usan la radiofrecuencia como medio de transmisión.

También empleamos en las comunicaciones las redes de Ethernet, la telefonía por cables del siglo pasado, los amplificadores de música, y alguno más. Todos ellos funcionan gracias al control o modulación de los electrones; la electricidad.

Finalmente, está la modulación del aire y, aunque quizá te resulte extraño, se empleó en los primeros mandos a distancia de los televisores. Te estoy hablando de los ultrasonidos. Por si no te has dado cuenta, te recuerdo que este método lo lleva utilizando la humanidad hace aproximadamente 300 000 años desde que aprendimos a modular nuestras cuerdas vocales.

Ya conoces los tres métodos exclusivos en la transmisión de información. Todos ellos comparten una característica común: necesitan un tiempo para recorrer el espacio y trasladar la información. Pero, ¿qué pasa con el otro «medio método» que te he comentado? Muy sencillo, me refiero a la gravedad y lo denomino «medio método», ya que aún no hemos descubierto cómo modularlo. O quizá es porque hasta ahora nadie se lo ha planteado.

La capacidad de modular la gravedad en el futuro será un hito trascendental en las comunicaciones interplanetarias al ofrecer enlaces instantáneos e infinitos. Si Einstein me está leyendo desde las estrellas, no le va a gustar nada lo que comento. ---La gravedad y el magnetismo, al igual que el entrelazamiento cuántico, al ser energías del mundo atómico, son instantáneas, y por consiguiente más rápidas que la luz.

Es posible que te preguntes cómo sé que algún día podremos modular la gravedad. La respuesta es sencilla; una de esas noches locas de borrachera científica me lo imaginé. Te recuerdo las palabras de Julio Verne que hasta ahora nadie las ha cuestionado: «Todo lo que una persona puede imaginar, otros pueden hacerlo realidad». Estoy convencido de que solo es cuestión de tiempo y, como este es relativo, quizá nos despertemos mañana modulando la gravedad.

Coffee break

Como dicen los snobs de hoy en día, nos vamos a tomar un break time. Un tiempo de relax para ir asimilando mis controvertidas ideas, y algunas científicamente incorrectas. Lo sé, no te alarmes, relájate que esto solo es el comienzo.

Estos espacios de «coffee break» los utilizaré para compartir contigo mis pensamientos libres, reflexiones y alguna nota aclaratoria sobre ciertos aspectos relacionados con mis exposiciones.

En este punto del handbook, habrás observado que el contenido, lejos de ser un «happy flower de ciencia», como la mayoría de los libros científicos dirigidos al gran público, está repleto de temas y conceptos que se desencadenan como una traca. Soy consciente que compaginar un alto volumen de contenidos dirigido a una mayoría social de forma amena, es una tarea compleja. Pero me voy a entregar de cuerpo y alma.

He organizado el libro en capítulos que, en principio, pueden parecer inconexos. No obstante, a medida que avances, irás descubriendo que al final todos los temas están vinculados intrínsecamente. Este ha sido el mayor hándicap para mí: el orden de los capítulos.

Es muy difícil enlazar un tema con otro, dado que los diversos aspectos del átomo son muy personales, aunque todos tienen una íntima relación entre sí. El mundo cuántico es caótico y, al mismo tiempo, desordenadamente ordenado.

Llegados a este punto, presiento que pronto aparecerán los sacapuntas y algún estirado despreciando mi trabajo. Alegarán que no existe ni una sola fórmula de matemáticas en mi ensayo, y es cierto. Te lo mencioné al comienzo del libro: las matemáticas son geniales, pero no son el todo.

Dicen los físicos matemáticos que, si un evento no se puede demostrar matemáticamente, es que no es correcto. Veamos. Son las 7:30 de la mañana; el calor estival y los surcos de las gotas de sudor recorriendo mi rostro me han despertado. Los primeros rayos del sol se abren paso a través de la ventana. Así que me he levantado para acercarme a la orilla de la playa, y ¡oh!, estaba amaneciendo. Por unos instantes me he quedado absorto contemplando la belleza de la inmensidad del mar en calma y de la pugna del Sol por desprenderse de la línea del horizonte marino para no llegar tarde a su cita. El cabreo del Sol era patente; su color rojizo lo confirmaba, un derroche de tonalidades rojiamarillas que contaminaban todo el cielo… Perdón que interrumpa, ¿si la belleza de este amanecer no se puede demostrar matemáticamente, significa que no es hermoso?

Mis trabajos son empíricos y, como tales, las teorías revolucionarias siempre van un paso por delante de las matemáticas. Por lo tanto, es solo cuestión de tiempo que algún matemático o físico teórico le guste mi reto y se ponga a trabajar en ello.

Todo esto me trae a la memoria a Boyle. ¿Recuerdas a Robert Boyle? Fue un acomodado pijo, hijo de papá, que no tenía conocimientos de matemáticas, es más, las detestaba. Fue alrededor de 1670 cuando desarrolló la Ley Boyle. Observa que la literatura científica lo reconoce como científico, y a su aportación la denomina sin reservas «la fórmula matemática de la Ley Boyle». El descubrimiento lo hizo de forma empírica y solo varios años después, Mariotte pudo confirmarlo mediante una fórmula matemática. Pero Boyle no fue el único, la historia está repleta de casos similares.

Creo que el ejemplo más notorio es el del físico Faraday por sus aportaciones transcendentales, a pesar de su limitada educación y escasos conocimientos de matemáticas. ¡Alucina!, Faraday inventó el motor eléctrico, la dinamo, el transformador y el generador eléctrico, entre otros desarrollos. La lista es interminable. La ciencia considera a Faraday el padre de la ingeniería eléctrica. Tan solo ilustraciones y dibujos formaban parte de su diario donde explicaba sus ideas.

«En ciencia, una imagen física es a veces más importante que las matemáticas utilizadas para describirla». Michio Kaku en su libro «Física de lo imposible»

Hasta ahora, te he contado cosas interesantes y algunas que incluso transgreden la barrera de lo científicamente correcto, pero no importa. Lo relevante es que nos planteemos cualquier posibilidad, que dudemos de lo establecido y que los jóvenes científicos cuestionen a los estirados. Estos son como el vino, con los años se hace excelente, pero llegado a su tiempo límite, inexorablemente se degrada. En algún coffee time te contaré por qué tengo en mi punto de mira a los estirados.

Creo que es hora de ir terminando el café.

¿Qué es la luz?

Introducirnos en el mundo oscuro de la luz es una aventura apasionante, porque nada es lo que parece. La luz no es visible, no se refleja y para colmo, nadie sabe qué son los fotones. Pero tranquí, antes de que termines de leer el libro, aplicando mi teoría tendrás una idea bastante clara sobre la naturaleza de la física de la luz.

Uno de los aspectos que me encantan de los estirados es cuando se ponen estupendos explicando lo que ellos no entienden. Algunas de las definiciones generalizadas de la ciencia actual sostienen que la luz, o luz visible, se refiere comúnmente a la radiación electromagnética que puede ser detectada por el ojo humano.

Pues bien, tal como irás descubriendo a lo largo de mi trabajo, comprobarás mi discrepancia con este planteamiento. La radiación electromagnética u «ondas de campos magnéticos alternos», como deberían llamarse, no es visible para el ojo humano. La prueba es que toda esa radiación pasa por delante de nosotros de forma continua en múltiples direcciones sin que la veamos. Esto no es una hipótesis, sino un axioma: la supuesta luz visible es, de hecho, invisible.

La física de la luz ha llevado de cabeza a la humanidad a lo largo de la historia y, como verás, seguimos en ello. Las primeras teorías sobre la naturaleza de la luz datan de hace 2400 años en la antigua Grecia. Algunos de los filósofos griegos más relevantes pensaban que vemos los cuerpos porque emiten luz, un enfoque que, según mis conclusiones, no iban muy desencaminados.

Entonces, ¿por qué vemos los objetos? Cuando los campos magnéticos de un átomo oscilan a una frecuencia determinada, emiten una radiación magnética. Esta viaja en todas direcciones sin consecuencias.

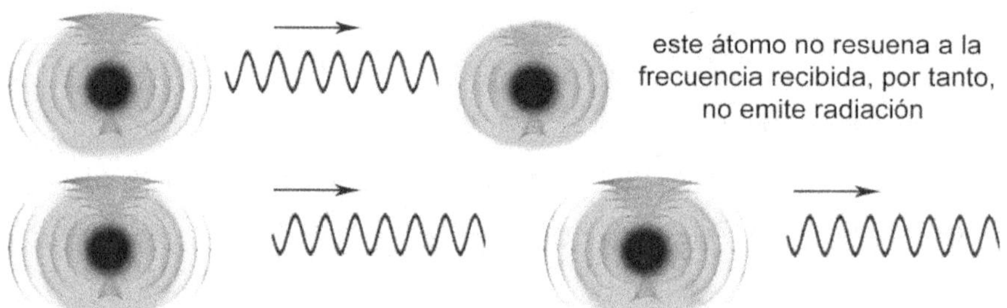

si el átomo que recibe una onda de radiofrecuencia es incapaz de resonar a esa frecuencia, no emitirá ninguna radiación

No obstante, si estas ondas tropiezan por casualidad con un átomo, en el que su campo magnético es capaz de resonar a esa misma frecuencia, entonces entra en oscilación emitiendo una nueva onda magnética alterna a la misma frecuencia.

Siguiendo esta misma dinámica, si por azar una onda llega a nuestros ojos y, si además disponemos de átomos o moléculas capaces de resonar a esa misma frecuencia, esa señal será conducida a través del sistema nervioso hasta nuestro cerebro, donde se procesará esa información para recrear una imagen.

De todo este proceso deduzco que, en realidad, lo que vemos son los átomos que están resonando a una frecuencia determinada.

¡Vamos a observar una hoja de un árbol! Cuando contemplas una hoja iluminada con luz blanca, la percibes de color verde. Esto sucede porque sus átomos y moléculas son capaces de resonar «solo» a la frecuencia del verde y estos, envían «solo» esta frecuencia a nuestros ojos. El resto de las frecuencias siguen sus caminos sin consecuencias visuales. Observa que con anterioridad te he dicho «átomos y moléculas». Sí, como te comento a lo largo del libro, cuando varios átomos se unen para formar una molécula, sus campos magnéticos se sincronizan, actuando como un solo campo magnético.

Por lo tanto, mi planteamiento sostiene que los átomos se comportan en realidad, igual que los repetidores de radiofrecuencia, similares a los puntos de acceso wifi a los que estamos tan acostumbrados.

Por lo tanto, los átomos no son espejos como afirma la ciencia, no reflejan ciertas frecuencias y las otras las absorben. ¿Dónde las absorben? Aunque este planteamiento ha sido válido hasta la actualidad, no aguanta el rigor científico.

Te propongo otro experimento. Imagina que nos encerramos en una habitación oscura con múltiples objetos y los iluminamos con una luz roja. En ese caso, los elementos los percibirás con unos tonos oscuros, y solo resaltarán los objetos que, algunos de sus átomos o moléculas, sean capaces de resonar a la frecuencia del emisor. Si consiguiéramos una luz roja pura de una frecuencia única y cuerpos con átomos que resuenen solo a esa frecuencia, entonces lo veríamos todo negro, diferenciando claramente los objetos rojos.

Si hace unos años, alguien me hubiera hecho la pregunta trampa, ¿sabes que los átomos se pueden ver a simple vista?, mi respuesta torpe habría sido instantánea: eso es imposible. Pues ya ves, los átomos los vemos a simple vista, en concreto aquellos que emiten en un rango de frecuencias en las que son capaces de resonar nuestros átomos oculares.

Para enriquecerte un poco más con mis conceptos sobre la física de la luz, te comentaré: cuando la energía de una frecuencia de campos magnéticos alternos se transfiere a un elemento resonante, sufre ciertas pérdidas en la transmisión. Es una ley básica de física.

Si aplicas mi principio a un suceso muy cotidiano, lo comprobarás enseguida. Recrea visualmente un amanecer, imagina la escena que tantas veces has presenciado: el Sol está a punto de despuntar por el horizonte. En ese instante aún no lo vemos. En cambio, la atmósfera se encuentra iluminada debido a que cada átomo —y molécula— del aire transmiten la luz de átomo en átomo. Si analizas la luminosidad atmosférica, contemplarás que decrece a medida que se aleja de la zona donde aparece el Sol. Esto se debe a las pérdidas de energía magnética al transferirse de átomo a átomo. Como podrás analizar, mi concepto de la luz encaja perfectamente con la observación de un amanecer y la dispersión de la luz.

Se me ocurre otro ejemplo que tal vez te resulte más comprensible. Si entras en un túnel oscuro, advertirás que la «luz ambiental» penetra cada vez con menos intensidad. Pongamos que llega unos 50 metros. Si realizaras el mismo experimento con la ligera atmósfera de la Luna, comprobarías que apenas alcanzaría un par de metros. Creo que esto es una prueba irrefutable de que la luz se propaga en la atmósfera de átomo en átomo, o de molécula en molécula, tal como mantengo en mi trabajo.

Recreemos ahora la escena con los conceptos de la física actual. Recuerda que la ciencia afirma que la luz llega hasta un objeto y refleja la frecuencia de su color, mientras que absorbe el resto de ondas. Pues bien, imagina que está amaneciendo; aún no vemos el Sol, ¿y por qué se ilumina la atmósfera? Si aceptamos la versión de la ciencia académica, las ondas de luz deberían reflejarse en todas las moléculas de la atmósfera, retornando de nuevo hacia el Sol, pero no hacia nosotros, que estamos en sentido contrario.

Ahora imagina la escena anterior con el Sol despuntando. Es evidente que podremos verlo. ¿Y por qué lo veremos? Quizás pienses que las ondas solares llegan hasta nuestros ojos, esquivando miles y miles de millones de átomos de la atmósfera que se interponen entre el Sol y nosotros. Eso es imposible. La ciencia se equivoca. Más pronto que tarde, todas las ondas que atraviesan la atmósfera impactarán contra las moléculas del aire que, en teoría, deberían reflejarse de nuevo hacia el Sol, y por lo tanto no lo veríamos.

Como puedes observar, la explicación de la ciencia se sostiene con pinzas y no aguanta las dudas razonables que cuestiono en mi exposición.

Todas las revoluciones científicas atentan contra el espacio de confort de los científicos, pero es necesario incomodarse un poco, porque hasta el momento, en ese espacio de confort donde se encuentra la ciencia, no se han conseguido desvelar todos los enigmas esenciales del mundo que nos rodea.

Por qué vemos los objetos

En síntesis, ya te relaté en el capítulo anterior algunos aspectos sobre la visibilidad de los objetos. No obstante, como es un tema tan complejo e intervienen tantos factores, voy a profundizar un poco más.

Nada de lo que vemos alrededor de nosotros existe tal como lo percibimos. Nuestro cerebro creativo es un artista plástico que recrea cualquier escena ofreciéndonos una imagen amable del entorno. Le da luminosidad, le imprime color, detalla las formas, recrea las texturas, interpreta las profundidades y calcula las distancias. Aunque te sorprenda, tu cerebro te genera una realidad virtual del entorno. Y todo eso lo realiza a tiempo real. Demasiado esfuerzo continuo. Supongo que por ello necesitamos dormir por las noches para desfragmentar los miles de millones de bytes que procesamos cada día. Nuestro cerebro es un experto en eficiencia, por ello todas las noches hace limpieza, desecha lo innecesario para liberar espacio y centrarse en lo útil. Creo, y solo lo creo, que mientras hace todo ese trabajo tedioso de mantenimiento, se proyecta a sí mismo una película de producción propia para entretenerse. En ocasiones, al despertar recordamos algunas escenas de esos montajes peliculeros que se fabrica el cerebro.

Todo el esfuerzo del cerebro para construir una realidad agradable del mundo que nos rodea ocasiona que, casi el cincuenta por ciento de nuestro ordenador de a bordo, esté ocupado con el procesamiento de la visión. Compruébalo con un simple ejercicio. Imagina por un momento que sostienes una cerilla encendida entre tus dedos. Ahora repite el mismo experimento con los ojos cerrados. ¿Has notado alguna diferencia? Quizá no lo hayas percibido inmediatamente, pero cuando cerraste los ojos, tu cerebro te ofreció la imagen de esa cerilla imaginada con más detalle. Esto se debe a que, al liberar carga de trabajo visual, el cerebro tiene mayor capacidad creativa para generar una escena más detallada de tu cerilla imaginaria.

El acto de concentrarnos cerrando los ojos es más común de lo que puedas pensar. Lo hacemos de forma instintiva cuando intentamos recordar un dato olvidado o una palabra que tenemos en «la punta de la lengua» —PDL—.

¿Alguna vez has cogido una prenda de alguien a quien añoras y la has acercado a tu rostro inhalando profundamente para reconfortarte con su recuerdo? Si es así, te aseguro que lo hiciste con los ojos cerrados. Este fenómeno lo conocen muy bien los perfumistas y catadores de vino, que saben cómo se intensifica la concentración mental al eliminar cualquier distracción visual.

El cerebro es un *mákina* y todo un campeón. Fíjate en lo que es capaz de hacer. En realidad, la totalidad de nuestro alrededor es oscura, el universo es tenebroso y muy desagradable, pero el cerebro lo ilumina transformando la actividad de los átomos en luz y colores para hacernos una estancia un poquito más amable. Así que cuando observes unas flores de un violeta vibrante, un cielo azul eléctrico o una mariposa multicolor, dedícale unos segundos de agradecimiento a ese macroprocesador que tienes sobre tus hombros.

Perdona, me he emocionado tanto con nuestro eficiente superordenador que me he ido del hilo.

Volviendo al tema. Si la luz es invisible tal como predice mi exposición, ¿por qué vemos los objetos? En realidad, los contemplamos porque percibimos la oscilación de los átomos a una frecuencia específica. Esta radiofrecuencia llega a nuestros receptores oculares, donde se hallan unas moléculas capaces de resonar a esas mismas frecuencias, enviando la información a nuestro *mákina*. ¡Ya ves!, en realidad lo que vemos directamente son los átomos.

En la actualidad podemos entender todo esto mejor que nuestros antepasados, gracias a que estamos familiarizados con las pantallas de los equipos informáticos. Cuando observas una imagen en un monitor o televisor, lo que estás viendo son píxeles oscilando cada uno a una frecuencia determinada. El conjunto de todos los píxeles forma una imagen con una amplia gama de colores.

Si miras con una pequeña lupa —cuentahílos— cerca de la pantalla, comprobarás que el color blanco no existe y todo el espacio está relleno de píxeles coloridos que, al alejarte, configuran una imagen completa.

En la naturaleza esos píxeles son el símil de los átomos. No deja de sorprenderme que algo tan microscópico como los átomos sea visible a simple vista.

Hasta aquí te he contado muchos aspectos sobre la mecánica de la visión, pero no quiero cerrar este capítulo sin hablarte de otra escena cotidiana: la puesta del Sol. Un fenómeno por el que la ciencia pasa de puntillas para no mancharse. ¿Por qué vemos el Sol rojo al atardecer y la Luna roja en el horizonte? La ciencia lo explica con la teoría de la dispersión de Rayleigh. Una hipótesis que tiene más de ciento cincuenta años de antigüedad, cuando el fotón ni estaba ni se le esperaba.

En el anterior capítulo te hablé de los maravillosos amaneceres, ahora te contaré el secreto que esconden los cálidos atardeceres. Recopilemos mi propuesta. El Sol irradia toda la gama de frecuencias. Estas ondas viajan a través del espacio o son reflejadas, pero aquellas que tropiezan con moléculas que resuenan a su misma frecuencia, les transfieren su energía. Ahora, estas moléculas oscilarán a esa frecuencia idéntica gracias a la energía recibida. De esta manera, generarán nuevas ondas que continuarán propagándose e impactando con otras moléculas resonantes. Esta cadena proseguirá hasta que las ondas lleguen a nuestros ojos.

Para el siguiente planteamiento debes recordar que en cada transferencia magnética se producen unas ciertas pérdidas energéticas.

Ahora voy a darle forma al contenido para que puedas analizar este fenómeno. La atmósfera terrestre está compuesta por moléculas que resuenan en toda la gama de frecuencias visibles. No obstante, en la transferencia de energía entre las moléculas de la atmósfera, las frecuencias altas sufren más pérdidas que las frecuencias bajas. Es obvio que en el momento en el que el Sol se sitúa en la vertical a mediodía, el volumen atmosférico que debe atravesar la luz solar es mucho menor que cuando se encuentra el Sol o la Luna en el horizonte. A causa de esa mayor cantidad de atmósfera que hay al atardecer, apreciamos cómo las frecuencias altas, en torno al azul, sufren pérdidas considerables sin conseguir llegar a nuestros ojos. Por ello vemos el Sol de un tono rojizo.

Puedo concluir que en la atmósfera terrestre existe mayor porcentaje de moléculas capaces de resonar a frecuencias altas que a frecuencias bajas. Aunque pueda parecer una contradicción, no lo es. Analízalo. Al existir más moléculas que resuenan a frecuencias altas, estas deben efectuar un mayor número de transferencias con la consiguiente pérdida de energía.

En la ilustración puedes observar átomos que emiten ondas de luz cuando reciben una onda de la misma frecuencia. Los átomos que resuenan a las frecuencias altas en torno al azul, los he representado con el núcleo blanco, mientras que los átomos de la gama de rojos están dibujados con el núcleo negro. Esto es una representación proporcional de nuestra atmósfera. Pues bien, observarás que hay más átomos blancos y, por lo tanto, sus frecuencias necesitarán más pasos de transferencias de energía. Esto implica que estas frecuencias sufrirán mayores pérdidas y tendrán mayor dificultad para traspasar el medio.

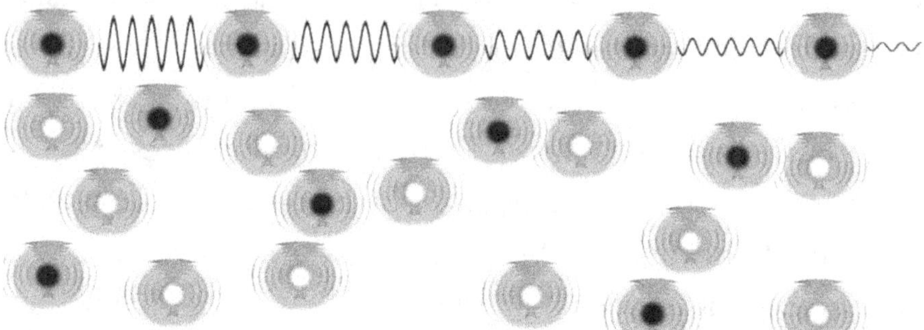
cada transferencia de energía conlleva unas pérdidas, a mayor número de átomos resonantes en un medio, mayores serán las pérdidas

Otra prueba más que valida mi trabajo es que los rayos UVA —frecuencias muy altas por encima del azul— del Sol no llegan al atardecer. Con la excepción de los suecos, nadie consigue broncearse disfrutando de una puesta de Sol.

Pero aún hay un detalle curioso que me gustaría compartirte, ¿por qué los atardeceres son más rojos que los amaneceres? La temperatura media de un elemento, en este caso la atmósfera, también influye en la frecuencia de resonancia de sus moléculas y, por lo tanto, en la frecuencia de transmisión. Al finalizar el día la atmósfera está más caliente que durante el amanecer, lo que provoca que las altas frecuencias visibles —gama de azules— sufran más pérdidas en su recorrido. Ahora ya sabes por qué hay atardeceres más rojos que otros. La temperatura importa.

Observar la intensidad del tono rojizo en la atmósfera, desde la lejanía, también puede ser un indicativo de la temperatura a esas altitudes y latitudes. Por ello, no debería extrañarte que nuestros antepasados hicieran predicciones meteorológicas observando la intensidad rojiza del cielo: «Cielo rojo a la alborada, cuidar que el tiempo se enfada». «Sol poniente en cielo grana, buen tiempo por la mañana».

No quiero cerrar este capítulo sin citar un párrafo del libro «La física de lo imposible», página 36, escrito por el físico teórico Michio Kaku. Te invito a analizarlo juntos para cuestionar la ciencia actual y dar soporte a mis argumentos: «Por el contrario, muchos líquidos y gases son transparentes porque la luz pasa con más facilidad entre los grandes espacios entre sus átomos, un espacio que es mayor que la longitud de onda de la luz visible.»

Según Kaku, vemos el Sol de color rojo durante un atardecer porque los rayos de luz rojiza pasan con más facilidad a través de las moléculas de oxígeno, debido al espacio entre ellas, que es mayor que la longitud de onda de la luz. Sin embargo, la luz roja tiene una longitud de onda mucho mayor que la luz azul. Si la ciencia tuviera razón en su planteamiento, en un atardecer veríamos más fácilmente un Sol azul y no rojo. Creo que no hace falta añadir nada más para constatar que el concepto que tiene la ciencia actual sobre la luz deja algunas cuestiones sin resolver.

62

Velocidad de las ondas

Creo que este apartado apasionante te va a gustar porque voy a tratar de poner orden, aplicando mis conceptos, en la física de la propagación de las ondas de radiofrecuencia.

Aunque parece que está todo inventado, te voy a desvelar algunas dudas razonables sobre el conocimiento actual de la física de la transmisión de las ondas.

La luz, al igual que las ondas de radio, se propaga a 300 000 km/s en el vacío. El dilema surge cuando nos referimos a otros medios como el aire, el mar o los plásticos, por citar algunos. Aunque la ciencia conoce estas características desde el siglo XIX, desconoce por qué sucede esto.

Si aplicamos mi supuesto, la respuesta surge de manera natural. En el espacio la luz sale de una fuente emisora, por ejemplo, desde una estrella. A partir de ese momento viaja hasta el receptor sin interrupción. En cambio, si tiene que atravesar la atmósfera, la luz impacta con la primera molécula que encuentra en su recorrido, y si es capaz de resonar a esa misma frecuencia, le hace oscilar generando de nuevo una señal. Así sucesivamente hasta llegar al receptor.

Esta transformación continua de la energía a un elemento resonante tiene dos consecuencias directas:

1. Pérdida de energía — Las ondas de luz van perdiendo energía como consecuencia de tantas conversiones al pasar de molécula en molécula, hasta que finalmente desaparece. Esto lo podemos observar en la atmósfera al alba. La luminosidad del aire se desvanece a lo largo de su recorrido.

2. Pérdida de velocidad — Cada conversión de energía, de molécula a molécula, se invierte un tiempo que se traduce en una pérdida de velocidad.

Estas dos pérdidas están en relación directa con la densidad del elemento que debe atravesar.

La ciencia afirma que la velocidad de la luz en el agua es de 225 000 km/s aproximadamente. A nivel personal creo que es bastante menor. Pero no vamos a discutir por esta pequeñez. Lo importante es que hayas comprendido mi planteamiento sobre la física de la transmisión de la luz en distintos medios.

Parece que está todo dicho, pero aún queda una cuestión. ¿Qué pasa con las ondas de radio? Para sorpresa de los estirados, te diré que estas ondas de radiofrecuencia viajan en la atmósfera y en el mar a una velocidad superior a la luz. Lo siento Albert, no he podido evitar contrariarte. Pero es lo que hay.

Las ondas de radio no tienen que sufrir este proceso de transformación —energía-resonancia—, ya que en su camino no van a encontrar ningún elemento que resuene a una frecuencia tan baja. Por lo tanto, las ondas de radio van directas desde el emisor al receptor. En la atmósfera es así, su débil densidad no impide su propagación. Ahora bien, en el mar la situación cambia, su densidad es mayor y sus miles de millones de moléculas, con sus campos magnéticos, van frenando su avance. Por ello, la velocidad en el mar es la constante de 300 000 km/s, pero la distancia que recorren es muy pequeña.

Y ya que estoy metido en este barrizal, removiendo los lodos que nadie se atreve a enfangarse, te voy a contar algunas curiosidades más. Como ya te he comentado, las ondas de radio, que son frecuencias mucho más bajas que la luz, encuentran dificultad en su recorrido dependiendo de la densidad del medio en el que se propagan.

¿Cómo explica mi hipótesis este fenómeno? La respuesta la encontramos en el número atómico de los elementos que tiene que atravesar. Así pues, una pared de plomo es mejor aislante para las ondas de radio que una pared de hierro. ¿Y por qué sucede esto? Una vez más tengo que recurrir a mi estructura del átomo. La arquitectura y fuerza del campo magnético de un átomo es proporcional a su número de protones y electrones. Entonces, deberíamos empezar a considerar la variable de «la densidad de campos magnéticos de un medio».

Espero que mi exposición te haya ofrecido otros puntos de enfoque interesantes y que sirvan para que la ciencia explore otras posibilidades.

Más rápido que la luz

Según Einstein, nada puede desplazarse más rápido que la luz, una característica de la física que aún se mantiene vigente para la comunidad científica. De momento, esta afirmación es un dogma de fe que voy a tratar de cambiar.

Según mis conclusiones no hay una fuerza o energía que se desplace más rápido que la luz, sino ¡hay dos! Y parafraseando a Einstein, no incluyo a la estupidez humana.

La primera fuerza o energía que se propaga más rápido que la luz es el magnetismo. Esta energía se transmite al instante, que represento como $v\infty$ —velocidad infinita—.

Mi hipótesis la desarrollo más adelante en el capítulo de *Magnetismo y los campos magnéticos*, donde te explico por qué todas las ondas de distinta frecuencia viajan a la misma velocidad, desde la luz hasta las frecuencias más bajas de radio en onda larga.

El segundo elemento que supera la velocidad de la luz es la gravedad generada por la rotación de los núcleos de los átomos. Estos elementos, los protones y neutrones, giran tan rápido que una vez más, y sin ánimo de cabrear a los matemáticos, tengo que utilizar mi símbolo de $v\infty$. Tal como te he comentado, esta particularidad de la velocidad de rotación de los núcleos atómicos es la responsable de generar la fuerza de la gravedad. Ya ves, una fuerza que todo el mundo conoce, pero ahora, a excepción de nosotros dos, nadie sabe de dónde procede.

La gravedad, nacida de las entrañas profundas del átomo, se propaga de forma inmediata al igual que el magnetismo, ya que ambas carecen de masa. Esta característica debería ser considerada sin complejos por la ciencia. Quizás el día que esto sea aceptado, empecemos a comprender la comunicación paranormal del entrelazamiento cuántico.

Estas dos fuerzas son productos del mundo atómico. Aunque la transmisión a $v\infty$ de la gravedad y el magnetismo resulte difícil de comprender desde nuestra perspectiva en este universo, ten presente que en el mundo interno del átomo no existen las dimensiones de tiempo y espacio. De hecho, el entrelazamiento cuántico es otra prueba de ello.

Debido a estos detalles sutiles, con frecuencia afirmo que nunca se logrará unificar «la teoría del todo». La teoría unificada representa «la cuadratura de la física»; un sueño imposible.

Sobre algunos planteamientos abstractos de ciertos científicos, me encanta esta supuesta anécdota de Einstein. La historia cuenta que, en una reunión, el artista Charles Chaplin coincidió con Albert Einstein. A lo largo del encuentro, Einstein le comentó a Chaplin:

«Lo que he admirado siempre de usted es que su arte es universal; todo el mundo le comprende y le admira». A lo que Chaplin respondió: «Lo suyo es mucho más digno de respeto: todo el mundo le admira y prácticamente nadie le comprende».

Por qué brillan las estrellas: el color de la vida

El mundo cuántico

En este momento, ya sabes que hay dos entornos bien diferenciados: nuestro medio y el mundo cuántico. Son dos universos imposibles de conciliar, a pesar de los esfuerzos que Einstein dedicó en los últimos treinta años de su vida a la «teoría del todo». Un rompecabezas —nunca mejor dicho— que muchos científicos siguen intentando resolver en la actualidad. Como te comenté en el capítulo anterior, la razón es muy simple: en el mundo cuántico el tiempo y el espacio no existen.

Observarás que a lo largo de mis exposiciones defiendo la idea de que la gravedad y el magnetismo se propagan de manera instantánea. Esto desafía los esquemas racionales de cualquier persona, pero debes recordar que la física cuántica se desarrolla en el interior del átomo y no pertenece a nuestro mundo.

En cuanto a la velocidad de transmisión de la gravedad, no sé si podré convencer a alguien, pero en mi ensayo sí que demuestro la instantaneidad de la propagación del magnetismo. Puedes encontrar más información al respecto en la sección, *El magnetismo y los campos magnéticos.*

A modo de curiosidad te mencionaré uno de los fenómenos cuánticos ya demostrados: el entrelazamiento cuántico. En síntesis, dos partículas subatómicas, como los electrones, manifiestan comportamientos simultáneos, incluso cuando están separadas por miles de kilómetros. Este fenómeno es un hecho demostrado e indefectiblemente es más rápido que la luz. Einstein se rompió algunas neuronas tratando de comprender este suceso, al que denominó «acción fantasmagórica».

A pesar de que el mundo cuántico puede parecer caótico y arbitrario, creo sinceramente que no es así. Lo que sucede es que no conocemos sus reglas de juego y nuestro punto de observación siempre es desde el exterior.

La ciencia se esfuerza en explicar estos hechos de forma lógica, pero justo eso es el gran error. Nada de lo que ocurre en el mundo atómico es racional; por lo tanto, las explicaciones pueden resultar absurdas.

¿Por qué no podemos entender las reglas de juego del mundo atómico? Porque desde nuestra perspectiva son difíciles comprender las reglas de juego y las leyes que rigen el entorno cuántico.

Esto me recuerda una historia atribuida al maestro. Sea cierta o no, lo innegable es que es muy representativa.

Un periodista le preguntó a Einstein que le aclarara la teoría de la relatividad. La respuesta del físico lo dejó perplejo:
— ¿Me puede usted explicar cómo se fríe un huevo?
Sorprendido, el periodista afirmó que, por supuesto,

podía explicárselo. Sin embargo, la respuesta de Einstein no quedó ahí:

— Hágalo imaginando que no sé lo que es ni un huevo, ni una sartén, ni el aceite, ni el fuego.

Coffee break

En este café te voy a hablar sobre los puntos de encuentro en el horizonte personal. Si no comprendes muy bien lo que te digo, no te preocupes, te lo aclararé. De momento te dejo las famosas palabras de Steve Jobs en una de sus icónicas conferencias: «No puedes conectar los puntos mirando hacia delante; solo puedes conectarlo mirando hacia atrás. Así que tienes que confiar en que los puntos se conectarán de alguna manera en tu futuro. Tienes que confiar en algo: tu instinto, tu destino, tu vida, tu karma, lo que sea. Este enfoque nunca me ha defraudado, y ha hecho toda la diferencia en mi vida».

Resulta que Steve Jobs fue un apasionado compulsivo de la tipografía durante sus años estudiantiles. Una época en la que la informática doméstica, ni existía, ni se le esperaba. Steve aprendió el arte y la técnica en el manejo y en la selección de tipos de letras para crear trabajos y carteles de múltiples formatos. Los años pasaron y un buen día la informática irrumpió en la sociedad, y ahí estaba él. Por aquel entonces, en 1981, los ordenadores IBM solo utilizaban una fuente de letra, pero en 1984, Steve Jobs logró implementar varios tipos de letras en sus ordenadores Apple Macintosh. Esta apuesta no fue fácil, tuvo que esquivar muchas corrientes de opinión en contra. En la actualidad, todos los sistemas informáticos implementan una tipografía completa.

La primera vez que escuché a Steve Jobs hablar sobre los puntos de encuentro, me impactó. Mi vida también ha estado llena de ejemplos similares. Es más, creo que todo el mundo tiene experiencias análogas; quizás el problema radica en que no todos saben aprovechar esas oportunidades.

Te voy a comentar solo mis puntos de encuentro que comparto contigo en este libro: la pintura, las ondas de radiofrecuencia y la luz. Tres mundos tan distantes como inconexos. En cuanto a las bellas artes, no te voy a matizar nada, deduzco que ya lo habrás adivinado con las pistas que hay en el libro. Referente a la luz y el mundo cuántico, es una materia que siempre me ha fascinado. Supongo que igual que a ti. Y sobre las ondas de radio, ha sido mi pasión y mi profesión. Cuando enlacé estas tres especialidades, las pude cohesionar para ponerlas entre tus manos.

En la actualidad muchos grupos de trabajo dedicados a la investigación y desarrollo, fomentan estos puntos de encuentro mediante equipos multidisciplinares, porque el conocimiento transversal es el mejor camino para encontrar esos nexos.

Hay personas que gozan de esa habilidad multidisciplinar y en esos casos se denomina polimatía creativa. Estos genios aportan logros transcendentes a la humanidad porque son capaces de abordar problemas complejos desde ángulos únicos y encontrar soluciones novedosas.

De vez en cuando analiza tu pasado observando atentamente el futuro, porque quizás, tú también descubras mundos paralelos que se cruzan en algún momento en tu vida.

El Tiempo cero

De todo lo que te voy a contar a lo largo del libro, quizás este tema sea el más peliagudo de entender ya que mentalmente no estamos preparados para ello. No obstante, si mantienes tu mente abierta, conseguiré que lo comprendas. La ausencia del tiempo y su relatividad es una cuestión surrealista, pero esencial para introducirte en el mundo atómico donde el tiempo es tan solo una paranoia cuántica. El símbolo que utilizaré a partir de ahora para definir la ausencia de tiempo es «t∞».

Seguro que en cierta ocasión has escuchado a algún científico decir algo similar a esto: «por la propiedad de incertidumbre, el electrón puede encontrarse en dos sitios simultáneamente». Y quizás tengan algo de razón, aunque no sepan explicarlo para los ciudadanos sin pedestal.

Si te has despojado de todos los conceptos racionales clásicos, te lo voy a exponer con una «historia real» basada en hechos ficticios.

El protagonista de esta aventura es un crack: mi admirado Rafael Nadal. Con él comprenderás cómo es posible que un elemento se encuentre en dos lugares de manera simultánea. ¿Es viable que Rafa pueda jugar al tenis contra sí mismo en una pista de tierra batida, que es lo que mejor domina? Para ello, es evidente que Rafa debería estar en dos sitios al mismo tiempo.

Imagina que Rafa puede desplazarse de un lado de la pista de tenis al otro a la velocidad de 1 metro por segundo. Es evidente que no podría hacer un smash a la pelota que él mismo lanzó en al campo contrario. Ahora supongamos que Rafa, como es un crack, puede moverse a 1 000 m/s. Con esta velocidad Rafa podría recoger todas las pelotas y jugar al tenis solo sin problemas ni estrés. No obstante, en un periodo de tiempo determinado, Rafa se encontraría únicamente en la pista A o B. Vamos a darle una vuelta más de tuerca. Aunque es difícil, imagina que el crack de Rafa se desplaza a 105 —100 000— km/s. En ese escenario, veríamos a Rafa en ambas pistas al mismo tiempo. Pero no te equivoques, esto sería exclusivamente un efecto visual; en realidad estaría solo en una pista en un determinado instante. Ahora un poco más difícil; imagina que Rafa se mueve a una velocidad de 10001000 km/s. Desde nuestra visión dimensional, podríamos afirmar que Rafa se encuentra en las dos pistas al mismo tiempo. En este caso no sería solo un efecto óptico, en realidad, los átomos de Rafa Nadal estarían casi en dos lugares a la vez.

Ahora bien, si sigues aumentando la velocidad del campeón, lograrás que Rafa se encuentre en ambas pistas al mismo tiempo. En ese caso habrás conseguido detener el tiempo gracias a la velocidad infinita. Dos dimensiones que expreso a lo largo del libro como $t\infty$ y $v\infty$.

¡Ya ves!, has logrado que Rafa pueda estar en misa y repicando. Y además en cualquier punto de su trayectoria.

Espero que este ejercicio mental que acabamos de realizar te ayude a comprender lo que ocurre con la velocidad, el tiempo y el espacio en el mundo cuántico.

En ese caso ya estás en condiciones para entender cómo el núcleo del átomo gira sobre sí mismo —rotación— a la velocidad de v^∞ y, por tanto, esta característica le otorga la facultad de estar parado, en movimiento o en cualquier posición de rotación al mismo tiempo. Y quizás lo más importante; un electrón puede encontrarse en todos los puntos del espacio orbital del átomo, siempre que hagamos la observación desde el punto de referencia del núcleo atómico. En cambio, fíjate, si analizamos los electrones desde exterior, nuestro punto de referencia, los electrones están más estáticos de lo que piensa la comunidad científica.

Supongo que pronto te preguntarás si este bestial derroche de energía del núcleo produce algún efecto. Así es, esta fuerza origina la gravedad, eso que todo el mundo conoce, pero nadie sabe de dónde viene ni a dónde va. Sin embargo, ahora tú ya lo sabes.

En cuanto a la gravedad, te hablaré en otro apartado específico, pero de momento quédate con estos dos conceptos:

1. Mi hipótesis explica por qué la fuerza gravitacional de un átomo aumenta a medida que contiene más protones.

2. Acabas de descubrir que el protón se mueve rotacionalmente a una velocidad superior a la de la luz. Esto les va a hacer flipar a los estirados. ¡Ya verás!

Me imagino que a partir de este punto, los sacapuntas comenzarán a dar la vara con sus lecciones magistrales, o en el mejor de los casos, tal vez algún joven lumbrera matemático se tome en serio mi planteamiento y comience a plasmar matemáticamente una nueva ley de la relatividad basándose en t∞ y v∞. Pero mientras todo esto sucede y el tiempo pone a cada uno en su sitio, nosotros seguiremos a lo nuestro.

El magnetismo y yo I

Esta historia que te voy a relatar sucedió hace muchos años, alrededor de 1960, cuando solo contaba con cinco añitos. En esa época se cruzó en mi vida un objeto fascinante: un imán. Lo que jamás pude sospechar es que ese encuentro determinaría mi futuro profesional por completo.

Recuerdo que en esa etapa descubrí encima de la mesa del comedor de casa, a la cual apenas llegaba, un hierro doblado. Era extraño, tenía un extremo pintado en azul y el otro rojo con varios alfileres pegados. Supongo que hice lo mismo que cualquier crío haría; comencé a trastear con ese artilugio. Mi sorpresa fue cuando comprobé que los alfileres se adherían a los extremos. Ese poder mágico me cautivó. No recuerdo cuanto tiempo pasé separando y atrapando los alfileres de ese maravilloso hierro.

Fascinado le pregunté a mi madre qué era eso, y ella me respondió que era un imán. A partir de ese momento recuerdo que solté una batería de preguntas cansinas: ¿Para qué es? ¿Cómo se hace? ¿Puedo hacerme uno? Supongo que continué preguntando sin obtener respuestas. Bueno, no es del todo cierto. La única pregunta a la que mi madre respondió fue: «¿Cómo se hace un imán?» Su respuesta fue concisa: «Un imán se compra». Ahí terminó la conversación.

Todos los días, al llegar de la escuela, iba directo a la mesa para trastear con ese hierro mágico. Pasaba las horas embelesado.

Un día vino a verme mi padrino como de costumbre. De alguna manera sabía que, si alguien podía aclararme el misterio de ese hierro, sería él. Era cónsul en Valencia, tenía un despacho y era una persona importante. Él siempre me contaba muchas historias fascinantes de la Luna y las estrellas, por lo tanto, debía poseer las respuestas que buscaba. Lo que desconocía es que alguien de letras no podía tener muchos conocimientos de física. Sin embargo, con gran naturalidad me explicó que los imanes se fabrican con un hierro al que se le aplica una corriente eléctrica.

El siguiente paso te lo puedes imaginar. Localicé un clavo por casa. Con esa edad ya tenía muy claro la peligrosidad de los enchufes. Por tanto, con unas pinzas de tender la ropa metí el clavo en uno de los polos de un enchufe eléctrico escondido detrás de un mueble. Ahí lo dejé esperando que el milagro se realizara. Día tras día lo sacaba con las pinzas para comprobar si se había convertido en un clavo mágico. Mi decepción era continua al confirmar que no conseguía nada.

Toda esta historia terminó de forma radical. Sucedió el día que mi madre me descubrió metiendo objetos en el enchufe. El castigo fue apoteósico. Mi madre encendió la plancha de ropa, que yo sabía muy bien que quemaba. Mientras tanto, me iba poniendo en contexto: espérate que esté caliente del todo, que te voy a enseñar qué pasa cuando se meten los dedos en el enchufe.

Recuerdo aterrorizado que de ese escenario no podía salir nada bien. En el momento que la plancha estuvo a máxima temperatura, mi madre me cogió la mano y me la acercó a la plancha. Durante muchas horas recordé mis gritos desgarradores de dolor. Con las leyes actuales a mi madre la habrían encerrado en la cárcel.

Así viví mi primer encuentro con la física de las temperaturas, aunque en realidad la plancha apenas estaba caliente y fueron tan solo unos segundos de contacto, pero el poder de sugestión a los cinco años es poderoso.

A partir de ese momento, no recuerdo bien, creo que mi obsesión por los imanes desvaneció. Pero no acabó ahí la historia. A los doce años, cuando cursaba segundo de bachiller, según el cuadragésimo cuarto plan de estudios anterior de España, cayó en mis manos un libro de electricidad donde se explicaba cómo fabricar un electroimán.

Me puse a ello. En el barrio localicé un taller de cerrajería especialista en ventanales metálicos. Allí encargué una barra de hierro dulce. Este detalle no se me olvidó porque nadie sabía qué era el hierro dulce. Así que lo prepararon con hierro normal. La barra tenía unos 15 mm de ancho por 16 cm de largo doblado en forma de U. Luego, compré un rollo de cable de cobre esmaltado de 1,5 mm para realizar dos bobinas en los extremos de la U.

Una vez terminado, lo preparé muy expectante dispuesto a conectarlo a una pila de 4,5 voltios de petaca. Era media noche, los dos «cachos» de bobinas imponían y estaba temeroso ya que no sabía qué podía ocurrir. Y no pasó absolutamente nada.

Me dirigí a la cocina en busca de algún objeto metálico. Cogí un cuchillo y al acercarlo… aquello fue celestial. El electroimán lo atrapó con tal fuerza que tuve que desconectar la batería para que los dos, el electroimán y yo, nos pudiéramos relajar. Esa noche se hizo eterna; no conseguí dormir de la emoción.

Con ese invento logré la primera rentabilidad comercial de mi vida. Por aquel entonces estaba interno en los Salesianos. Después de pasar el fin de semana en casa, llevé el invento al colegio donde causó gran expectación. Durante los recreos organizaba apuestas con mis compañeros, aunque no recuerdo si eran cromos o pipas. El juego consistía en poder retirar mi electroimán del poste de hierro de la canasta de baloncesto. Todos perdieron sus apuestas, excepto uno que logró separarlo. En ese momento, aprendí la primera ley básica de los electroimanes: cuando la pila se gasta, la potencia del electroimán se esfuma.

El éxito me animó y meses más tarde construí un motor eléctrico con objetos cotidianos. Todas las partes metálicas las realicé con la chapa de un bote de leche condensada.

Monté sus bobinados, el rotor, el estator, las escobillas y sus delgas. Todo autoconstruido. Lo más espectacular, conseguí que rodara. No sé cómo, pero rodó.

Mientras tanto, continué estudiando. Más bien te debo aclarar que seguí asistiendo a clase, pues mis intereses estaban en otras partes. Con posterioridad comencé Bellas Artes, porque debo decirte que, la pintura y el dibujo crecieron conmigo. Pero esta decisión tuvo un corto recorrido, como era lógico, abandoné Bellas Artes porque la electrónica y la radio me fascinaban, fueron superiores al mundo plástico.

Por tanto, las ondas mal llamadas electromagnéticas han sido la esencia de mi vida profesional. Desde la onda larga y corta de la época, hasta los GHz actuales. Hace unos tres años, retomé los lienzos y pinceles inducido por mis dos estrellas. Supongo que, a estas alturas, ya habrás notado que mi retorno a la pintura ha aportado unas pinceladas de color a este libro.

Esta historia de los imanes en mi primera infancia jamás la conté porque transcurrió durante mi existencia sin darle importancia. La vida es como un viaje en tren, pierdes la noción del movimiento, en cambio suceden muchas cosas a tu alrededor que no te llaman la atención, pero marcan tu destino.

En la tierna infancia acontecen hechos maravillosos que condicionan el resto de nuestras vidas. A los cinco años, Einstein se fascinó con una brújula que le enseñó su padre.

Perplejo, no dejaba de observar cómo marcaba siempre la misma dirección, aunque girara ese curioso artefacto.

Por eso son tan importantes los primeros años de nuestra existencia. Marcan el sendero de la vida que vamos a recorrer y, aunque la vida es muy corta, un mal camino se puede hacer muy pesado.

El magnetismo II

Te voy a introducir en uno de los espacios más sugestivos del mundo cuántico: el magnetismo. Los efectos que provocan los imanes no dejan indiferente a nadie, incluso a los académicos de letras.

Lo más fascinante de los imanes es que generan una fuerza cuántica que la podemos percibir en nuestro mundo racional. Aquí radica su atractivo. Si a todo esto añadimos el factor de la curiosidad humana, que hasta ahora desconoce el origen del magnetismo, nos encontramos ante un mundo intrigante.

En primer lugar, te contaré qué sabe la ciencia actual sobre el magnetismo. Wikipedia dice: «El magnetismo es el conjunto de fenómenos físicos mediados por campos magnéticos». Si además le preguntamos cómo se produce el magnetismo, obtenemos esta respuesta: «Este puede ser generado por las corrientes eléctricas o por los momentos magnéticos de las partículas constituyentes de los materiales».

Observa que son unas explicaciones surrealistas. Como dicen en mi pueblo, «hablar por no tener la boca cerrada». En realidad, el cuerpo docente universitario no recomienda el uso de Wikipedia como fuente de referencia. Es un nicho sectario y manipulador. No obstante, para mis pretensiones elementales, ha resultado útil.

Ahora le preguntamos al ChatGPT, que sin duda es más fiable que Wikipedia al extraer información de diversos documentos científicos. Esta es la respuesta que nos ofrece: «El magnetismo es una fuerza fundamental de la naturaleza que puede atraer o repeler objetos magnéticos, como el hierro. Se produce debido al movimiento de partículas cargadas, como electrones, en átomos y moléculas. En los materiales magnéticos, como el hierro, hay grupos de átomos llamados dominios que contienen electrones con un espín magnético alineado. En condiciones normales, estos dominios apuntan en direcciones aleatorias, lo que hace que el material no sea magnético en su conjunto».

Como puedes ver, ninguna de las propuestas cumple con el principio de parsimonia, una clave esencial en cualquier hipótesis científica. Si todas estas explicaciones las lees varias veces es posible que llegues a comprender qué dicen. Aun así, seguirás sin conocer la respuesta a la pregunta esencial: ¿Qué es el magnetismo y cómo se produce?

Cuando una cuestión hay que explicarla en exceso o de manera muy abstracta, es posible que no esté nada clara.

Ahora, desde mi enfoque, te voy a resolver qué es la fuerza del magnetismo, sus características y cómo se produce.

El magnetismo es una fuerza cuántica, por lo tanto, no responde a las dimensiones de tiempo y espacio de nuestro universo. Su energía es finita e instantánea producida por los campos magnéticos de los átomos. Sobre este último aspecto, no te preocupes de momento, te lo cuento con detalle en el capítulo de *El átomo* y en *Campos magnéticos del átomo*.

Entonces, los dos aspectos más importantes del magnetismo son estos: primero, es una energía finita, es decir, se debilita con la distancia; y segundo, es instantánea, no tiene una aceleración de propagación y por consiguiente es más rápida que la luz. Sé que esto incomodaría al mismísimo Einstein y, justo en este punto de mi historia, es donde los estirados y sacapuntas sacarán sus mejores armas.

Ahora de forma comprensible, te voy a explicar cómo funciona el magnetismo. Imagina que tienes un imán en la mano. Sabemos que alrededor de él se crea un halo de campo magnético. Cuando mueves el imán de un lugar a otro, ese campo magnético se mueve contigo. Es similar a la aureola de luz que emana de una llama. Sería fantástico poder iluminar una habitación con una antorcha y lograr que el resplandor de la luz permaneciera en la habitación cuando la abandonamos, ¿verdad? De esa manera podríamos iluminar todas las habitaciones de forma permanente con una única antorcha. Pero ya te digo yo, que eso es imposible, ni tan siquiera es ciencia ficción, porque si lo fuera, un día se haría realidad. Si te vas con la antorcha de un sitio a otro, la luz se va contigo.

Ahora volvamos al magnetismo porque aquí las cosas

cambian, ¿y si te dijera que te voy a desvelar cómo dejar un campo magnético en el aire cuando retiras el imán?

Para conseguirlo tan solo necesitaremos un soporte, algo que pueda mantener ese campo magnético en el espacio. Esto que parece increíble es más sencillo de lo que piensas. Basta con colocar por un instante otro campo magnético junto al anterior, pero de distinta polaridad. Ahora esos dos campos magnéticos permanecerán juntos para siempre. Acabamos de crear una onda de un solo ciclo de campos magnéticos alternos, conocido por la ciencia como «onda electromagnética»; un término que no me parece correcto.

La humanidad ha estado utilizando y modulando las ondas de campos magnéticos desde 1890 en las transmisiones de radio, sin comprender toda la mecánica que existe detrás del magnetismo.

Así que ahora ya sabes un poco más acerca del magnetismo y dispones de algunos conceptos que, estoy seguro, te facilitarán la comprensión sobre mi punto de vista del apartado de *Ondas electromagnéticas*.

El magnetismo y los campos magnéticos III

Creo que es el momento perfecto para recordarte las características del magnetismo: la radiación magnética es finita, tiene muy poco alcance y la velocidad de propagación es instantánea. Recuerda que te mencioné que esta energía es más rápida que la luz. También te dije que todo esto iba a poner de los nervios a los estirados y sacapuntas. O mejor dicho, aprovechando que estamos en física; más excitados que un átomo sin electrones.

Ahora bien, si los efectos y características del magnetismo son fascinantes, existe una peculiaridad que quizá te sorprenda aún más. Se trata de una propiedad que pasa inadvertida, ya que nadie la comenta: Los campos magnéticos no se interfieren entre sí.
Pienso que esta cualidad del magnetismo es muy importante y debemos tenerla en cuenta, tal como te describo en el capítulo de *La materia oscura*.

Fíjate qué curioso. Estamos rodeados de ondas de campos magnéticos alternos con diferentes frecuencias y potencias. En cambio, no se interfieren entre sí ni se anulan, conviven solapándose y cruzándose sin modificar sus estructuras.

Aunque pueda parecer obvio, te aseguro que no lo es. Cuando ponemos en marcha la radio, las ondas de esa frecuencia están ahí, encendemos el móvil y ahí están las ondas de telefonía llegando sin problemas y lo mismo sucede con la televisión. En definitiva, siempre estamos rodeados de ondas de campos magnéticos alternos sin interferirse entre sí. Fíjate si es fascinante, incluso si colocamos un potente imán en el centro de la habitación todas las débiles ondas que nos llegan a los distintos receptores pasan alrededor del imán sin inmutarse.

De todo esto se puede deducir que un campo magnético N no se anula con otro campo magnético S, al contrario, se abrazan y coexisten en un viaje infinito hasta que sean absorbidos por algún elemento capaz de resonar a esa misma frecuencia.

En este punto, creo que debo explicarte por qué la velocidad de la luz no es instantánea. Recuerda que afirmo que la energía del magnetismo se propaga de forma inmediata. Al mismo tiempo te aseguro que la luz son campos magnéticos alternos, entonces surge la pregunta: ¿por qué la velocidad de la luz se reduce a 300 000 km por segundo a pesar de ser campos magnéticos?
La explicación radica en el tiempo empleado en la transición de cambio de polaridad norte-sur. En una frecuencia muy alta cercana a la luz azul, el tiempo nulo de transición es menor, pero se repite con mayor frecuencia. En una frecuencia baja próxima a la luz roja, el tiempo de transición es mayor, pero se repite con menor frecuencia.

La siguiente ilustración te puede ayudar a comprender mejor mi exposición sobre lo que podríamos llamar «la proporción constante de velocidad de las ondas de radiofrecuencia». Un aspecto interesante que te lo desarrollo con más detalle en el capítulo *Ondas electromagnéticas*.

En definitiva, las frecuencias de los dos colores rojo y azul invierten el mismo tiempo de conmutación y, por tanto, las dos frecuencias se propagan a la misma velocidad.

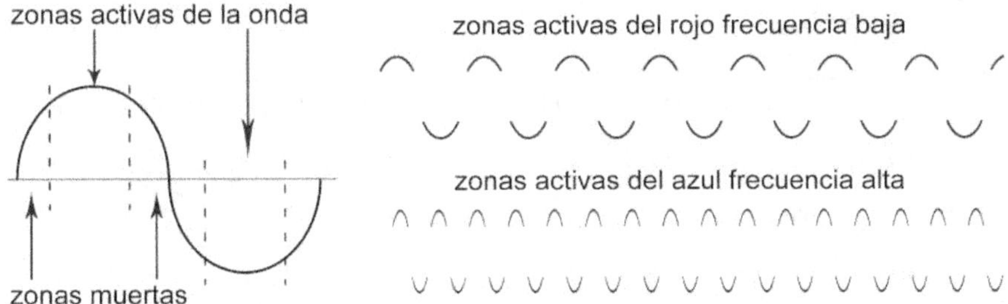

observa que el porcentaje de zonas magnéticas inactivas de una onda es igual independiente de su frecuencia

Ya que estoy metido en este berenjenal, te contaré un detalle más sobre las ondas, aunque en la práctica no tenga trascendencia. Las ondas atómicas y de radio viajan a diferentes velocidades. Esto se debe a que las ondas que nosotros fabricamos tienen una sola polaridad —vertical u horizontal—, mientras que las ondas atómicas, como la luz, tienen una multipolaridad helicoidal. Por lo tanto, el tiempo que invierten en el cambio de polaridad es diferente.

Tan solo te lo comento como análisis reflexivo. En realidad, no tiene ninguna importancia si las ondas de radio o televisión viajan a 300 000 o 200 000 km/s.

Tipos de magnetismo

Hasta ahora habrás observado que te he contado aspectos sobre el magnetismo como si existiera un solo tipo. De hecho la ciencia lo contempla así, pero una vez más te voy a manifestar mi disconformidad.

Existen dos tipos de magnetismo: alterno y continuo. Resulta curioso que hasta ahora nadie haya prestado atención a esta distinción, sin embargo, ofrecen características muy diferentes.

Un campo magnético continuo es la energía que emana de un imán estático. Si analizas un imán comprobarás dos cosas: emite una energía a su alrededor y esta se desvanece con la distancia. La Tierra es un ejemplo más de campo magnético continuo.
Recuerda la analogía que te comenté con anterioridad, comparando un imán con una antorcha.

Otra característica de los campos magnéticos continuos es que su energía no se puede transformar en corriente eléctrica.

En cambio, un campo magnético alterno se caracteriza por cambiar de polaridad norte y sur de forma sucesiva. Si sujetas un imán a un motor, este empezará a dar vueltas y al pasar por un punto determinado podrás captar un campo magnético norte sur de forma intermitente. Este campo magnético alterno sí que se puede transformar en corriente eléctrica.

Ahora conviene recordar que te expliqué cómo conservar un campo magnético en el espacio sin ningún tipo de soporte físico. En realidad, cuando generamos campos magnéticos alternos, estamos creando algo similar a un tren de campos magnéticos en marcha, donde el último vagón empuja al anterior.

Este «tren» se pone en marcha de forma perpetua sin poderlo detener. Pero ¿a qué velocidad se desplaza ese conjunto de campos magnéticos? Se mueve a una velocidad vertiginosa, aproximadamente a 300 000 km/s. ¿Te suena familiar esta cifra? Claro, es la velocidad establecida con que se trasladan todas las ondas magnéticas alternas por el espacio, desde las ondas de radio y televisión, hasta la luz o los rayos X.

Muchas personas conocen muchas cosas, pero no todas, sobre las ondas mal llamadas electromagnéticas. Insisto, se deberían llamar ondas magnéticas alternas. Pero no importa el nombre, lo relevante es que tú ya conoces por qué esos campos magnéticos alternos no se desvanecen en el espacio y también conoces por qué se trasladan a esa velocidad.

Cómo se genera el magnetismo

Ya conoces algunas características físicas del magnetismo, pero si has llegado hasta aquí, sospecho que es porque quieres descubrir cómo se produce esta energía. A lo mejor, con todo lo que te he hablado de los campos magnéticos ya tienes alguna idea de por dónde van los tiros.

Sabemos que la materia está formada por átomos y en mi trabajo afirmo que todos los átomos poseen un campo magnético. Estos están oscilando de forma continua y, dependiendo de su frecuencia de rotación, emiten una frecuencia que percibiremos como calor, luz o simplemente no la veremos por estar fuera de nuestro rango de percepción.

Pues bien, imagina que en una pieza de materia pudiéramos detener todos los campos magnéticos de todos sus átomos por un instante. Además, con la particularidad de que todos sus campos magnéticos estuvieran orientados en el mismo sentido. En ese caso dispondríamos del imán más potente del universo.

Pero no te emociones porque eso es imposible. Ten en cuenta que los átomos no están solos; comparten espacio con otros átomos y de forma natural tienen que acoplarse magnéticamente entre ellos. No obstante, durante la rotación existe lo que denomino el «momento magnético». Este fenómeno intrínseco lo podemos observar en algunos elementos como el hierro.

Durante la rotación de los campos magnéticos, todos se posicionan con una determinada polaridad en un momento dado. Ese es el magnetismo que podemos medir.

Es difícil comprender cómo un elemento puede estar girando de forma continua y al mismo tiempo estar inmóvil. Es cierto. Desde nuestro mundo resulta complejo porque las dimensiones que nos rodean son las que marcan las reglas del juego.

No olvides que en el mundo cuántico esas normas no existen. En el capítulo *El tiempo cero*, te relaté una «historia real» basada en hechos ficticios de Rafa Nadal, ¿recuerdas? La finalidad era poder explicarte, desde el punto de vista racional de nuestro mundo, cómo un elemento podía encontrarse en dos sitios al mismo tiempo. Con los campos magnéticos del átomo sucede algo similar.

Una prueba válida sobre mi exposición es la siguiente. Un imán tiene polarizados un número determinado de átomos con sus «momentos magnéticos». Esto sucede a pesar de su frecuencia de oscilación. Pues bien, si aumentamos la frecuencia de todos los átomos, el «momento magnético» disminuye. Se hace más breve. Si seguimos aumentando su frecuencia, el magnetismo desaparecerá ya que todos los átomos oscilarán a su libre albedrío.

Cuando calentamos un imán a 300 grados, estamos aumentando la frecuencia de oscilación de todos los átomos. En ese caso, comprobamos que el magnetismo desaparece.

Quiero aclararte este punto: es evidente que el magnetismo no desaparece; los campos magnéticos están ahí. Lo que sucede es que todos los átomos giran aleatoriamente, provocando un efecto de atracción y repulsión al mismo tiempo.

Espero que con mi explicación no te sientas como el día que descubriste el misterio de los Reyes Magos. A pesar de que ya conoces el secreto, sigue siendo un misterio quién envolvió los átomos con ese manto magnético. Pero tranquí, en los próximos capítulos te descubro cómo las partículas positivas y negativas del átomo, al interactuar entre sí, crean el campo magnético. Date prisa porque pronto vendrá algún estirado y fusilará todo mi trabajo, pero ahí estarás tú para decir, «todo eso ya me lo sabía yo».

Coffee break

Ya te he contado muchas cosas serias sobre los campos magnéticos, incluso algunas que pueden ser ciertas, pero ahora voy a aprovechar el tiempo de este café para sonreír un poco a costa de las conspiranoicas y conspiranoicos. Imagino que esta escena que te voy a relatar, de alguna manera te será familiar.

Resulta que en el máster que Natalia está realizando en varios países de Europa, la acompañan 17 ingenieras y dos ingenieros de distintas nacionalidades de todo el mundo. Una de sus compañeras —omito dar detalles— tiene la norma de desconectar inmediatamente la wifi y los datos de su teléfono cada vez que manda un WhatsApp o escribe un correo. Este hábito se convierte en un problema cuando alguien del grupo desea ponerse en contacto con ella por trabajo o asuntos de estudios. El motivo te lo puedes imaginar. Pretende impedir que los campos magnéticos le afecten a su salud.

Pero este caso no es el único que conozco. Tengo dos amigos que, a pesar de tener un nivel educativo menor, todas las noches apagan sus móviles que dejan en la mesita junto a la cama. El motivo es el mismo. A este par de dos, como los tengo más a mano, sí que los he podido «putear» un poquito.

Lo primero que les pregunté fue si disponían de corriente eléctrica en sus hogares. Ante sus afirmaciones les aclaré que, en todas las viviendas, estamos envueltos en campos magnéticos de 50 hercios a causa del entramado de cables eléctricos que recorren las paredes. Por ello, les sugerí que deberían desconectar el interruptor del diferencial de casa por las noches. No obstante, les maticé que seguirían recibiendo las radiaciones de las viviendas de sus vecinos. También les recalqué que desconocía si los alimentos de la nevera iban a aguantar tantas tonterías.

Mis dos amigos no se conocen, pero comparten las mismas inquietudes, así que, por separado, les di una vuelta de tuerca más. Les expliqué que, aunque apaguen la radio, la tele o el móvil, las ondas seguirán presentes en sus habitaciones. Por lo tanto, les propuse que la solución más razonable sería que se construyeran una jaula de Faraday para no salir jamás de ahí. ¡Ah! Y en plena oscuridad, porque la luz también son ondas magnéticas.

Son increíbles mis amigos, parecen fotocopias, los dos reaccionan igual. Ambos se interesaron por el proyecto Faraday y me preguntaron por qué no debían salir jamás de la jaula. Muy sencillo, les dije: las casas, las calles, las ciudades y el campo están llenos de ondas de todo tipo, desde ondas de móviles y radio hasta las ondas de luz de las estrellas. Esta energía magnética se encuentra presente en todas partes rellenando el universo.

Mis amigos son muy divertidos, están muy puestos con los chips ocultos en las vacunas, con los chemtrails y por supuesto no hacen grandes viajes por miedo a caerse por el precipicio de la Tierra plana.

Sé que cuando les explico algo, nunca me entienden. Ni yo a ellos. En definitiva, estoy seguro de que no puedo disuadirlos de sus paranoias. Dicen que es más fácil engañar a alguien que convencerles de que les han engañado.

Supongo que tendrás algún amigo con este perfil porque no son pocos, son un batallón. Y vamos terminando el café, que queda mucho camino por recorrer.

El átomo: introducción

Llegados a este punto opino que es el momento adecuado para presentarte mi modelo atómico. Observarás que difiere en algunos aspectos de la corriente científica. Tranquilo, ni ellos ni nosotros hemos tenido la oportunidad de visualizar un átomo por dentro, por lo tanto, cada uno puede concebirlo libremente como quiera. No obstante, existen ciertos criterios que debe cumplir cualquier teoría para ser tomada en consideración:

Coherencia lógica — La hipótesis debe ser internamente consistente y no contener contradicciones lógicas.

Evidencia empírica — Debe estar respaldada por evidencias experimentadas sólidas y verificables que respalden las afirmaciones y predicciones.

Falsabilidad — Debe ser posible poner a prueba la teoría y potencialmente refutarla a través de observaciones o experimentos.

Capacidad predictiva — Debe tener la capacidad de hacer predicciones precisas y verificables sobre fenómenos futuros.

Simplicidad explicativa — Es preferible una teoría que ofrezca explicaciones simples y elegantes en lugar de complicadas y abstractas definiciones. Este punto me recuerda una frase del maestro Einstein que a menudo tengo presente: «Si no puedes explicarlo de forma sencilla, es que no lo has entendido bien».

De alguna manera el pensamiento de Einstein se basaba en la filosofía de la Navaja de Ockham y el principio de parsimonia que afirma: «en igualdad de condiciones, la explicación más simple suele ser la más probable».

Basándome en estas premisas, el modelo convencional del átomo presenta demasiadas incógnitas. En cambio, en la propuesta que te iré descubriendo, comprobarás que todo se enlaza de manera sencilla y apropiada. Mi trabajo proporciona explicaciones sobre cualquier efecto derivado del átomo: la luz, el calor, el magnetismo, la gravedad, incluso el polémico fotón.

De hecho, no estoy solo en esta aventura; algunos sectores de jóvenes científicos cuestionan ciertos aspectos del modelo atómico tradicional.

Antes de introducirme más a fondo en el átomo, debo señalarte que mi intención es describirte mi hipótesis sobre los campos magnéticos del átomo. Por ello, solo te contaré aspectos interesantes de sus partículas básicas y todos los elementos que participan en mi trabajo. Las partículas surrealistas como el quark, bosón, muon, neutrino y muchas más, se lo dejo a todos esos locos que buscan el código fuente del ingeniero creador.

Por cierto, hace años internaban a los locos en el manicomio, ¿sabes dónde los encierran en la actualidad? Bajo tierra, en el CERN :)

Volviendo a lo nuestro, te he indicado que hay ciertas cuestiones que no me ocuparé en este trabajo, porque es importante establecer límites en cualquier investigación. Un aspecto que por naturaleza llevo muy mal. No obstante, sé que en todos los análisis, el exceso de información nos puede confundir y desviar nuestra atención del objetivo final: «Por qué brillan las estrellas».

Un trabajo realizado por la profesora Samantha Kleinberg y el psicólogo Jessecae K. Marsh lo confirman: los modelos sencillos allanan el camino para la toma de decisiones más eficaces, ya que reducen la cantidad de información a procesar y se centran en lo esencial. Sin embargo, los modelos complejos dificultan las conclusiones eficaces al aumentar la carga cognitiva, induciendo a fallos conceptuales.

Desde la época de los griegos, hace unos 2500 años, cuando dedujeron que el átomo es la partícula más pequeña de la materia, hasta nuestros días, han surgido numerosas teorías. Y seguimos en ello. El patrón aceptado en la actualidad es el «modelo atómico cuántico». En él se afirma que los electrones se mueven alrededor del átomo en orbitales como nubes de probabilidad.

Desde mi enfoque, la corriente oficial no logra explicar de forma convincente ninguno de los fenómenos producidos por el átomo. La prueba es el libro que tienes entre tus manos.

En ocasiones rechazamos antiguas teorías porque sus autores no supieron exponerlas de forma correcta o simplemente fueron extemporáneas. Fíjate qué curioso, Einstein profesaba admiración a los filósofos de la antigua Grecia. Pues bien, los griegos de la antigua historia fueron los únicos que se acercaron a mi percepción sobre la física de la luz. Ellos conjeturaban que los cuerpos emitían luz y por ello los veíamos.

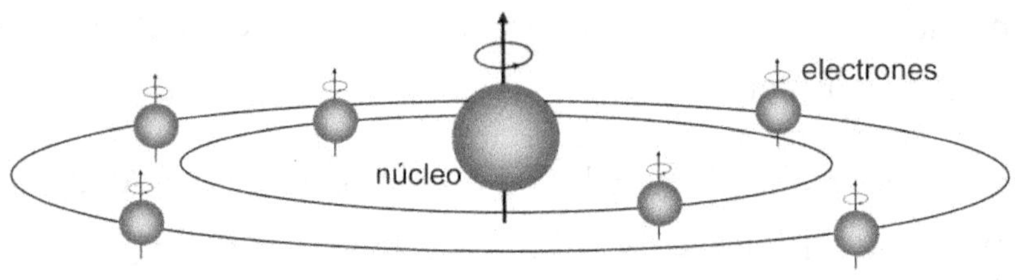

Mi propuesta de modelo atómico

En cuanto a la estructura de mi modelo atómico, opino que el científico que más se aproximó a vislumbrar la correcta arquitectura del átomo fue Ernest Rutherford, aunque con algún fallo. Más adelante te detallo el motivo por lo que su hipótesis fue desechada con posterioridad. Es curioso que mi ensayo sobre el átomo, a pesar de seguir desarrollos distintos respecto a Ernest Rutherford, sea tan coincidente.

Para terminar esta sección y a modo de adelanto de mi trabajo, te voy a dibujar una pincelada rápida de lo que representa el átomo en nuestro universo. No te equivoques: el átomo no existe tal como lo percibimos, es tan solo una creación holográfica.

Verás, de este elemento virtual, el 99,9 % está formado por un campo magnético, mientras que el 0,1 % lo componen las partículas atómicas.

Espera que aún no he terminado. La masa de estas partículas es agrandada por la velocidad infinita v∞ de rotación que efectúan. Si las pudiéramos detener, su masa prácticamente desaparecería. Entonces dime, ¿qué es un átomo? Pues eso, un holograma tridimensional.

De acuerdo con este planteamiento, te puedo definir el átomo como la parte elemental de nuestro virtual metaverso cósmico.

Todo este planteamiento, que más bien parece filosofía cuántica, te lo iré descubriendo a lo largo de mi trabajo, donde pretendo centrarme en los campos magnéticos del átomo. Las subpartículas atómicas se las dejo a esos locos bajo tierra.

En ocasiones esos científicos salen a la superficie, a nuestro mundo, y ¿sabes por qué los físicos nunca pueden aparcar el coche? Porque el tiempo relativo que necesitan para aparcar no les cuadra con el espacio.

El átomo: estructura

Desde mi particular percepción, en el átomo existen dos puntos de vista esenciales para comprender de qué va toda esta historia. Si tomamos nuestro mundo como referencia, podemos analizar el átomo desde el exterior. Desde aquí solo observamos la capa magnética superficial junto con todos los efectos que de ella se derivan. De hecho, y aunque parezca una obviedad, desde nuestra perspectiva podemos contemplar los átomos a simple vista. Por supuesto siempre que haya luz.

El mundo al que pertenecemos se encuentra fuera del entorno cuántico y, por lo tanto, el tiempo, la velocidad, el espacio y las dimensiones son conceptos racionales. Aquí todo lo podemos medir, manipular y percibir. Esta es nuestra realidad, aunque cada día estoy más convencido que es un mundo virtual. En este marco, el cerebro se encarga de fabricar y decorar el entorno irreal que percibimos para ofrecernos una estancia un poco más amable.

La otra parte del átomo es la zona interna. Esta es surrealista. Engloba la franja que se extiende desde los campos magnéticos que envuelven el átomo hacia su interior. En esta zona, nada de lo que existe es racional, ya sea el tiempo, el espacio, las dimensiones o la velocidad. Estos vectores no se dan en el mundo cuántico o, en todo caso se producen de forma muy distinta en comparación con nuestro metaverso. Por este motivo insisto a menudo en que la ciencia nunca podrá desarrollar la «teoría del todo» o «teoría unificada». Es imposible sumar peras con manzanas.

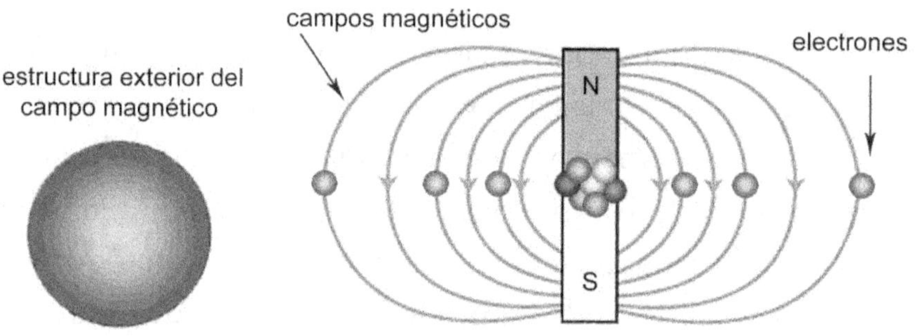

distribución de los campos magnéticos del átomo

Con los aspectos que ya te he adelantado sobre el átomo puedes intuir que esta historia promete. Ahora te detallaré cómo es el diseño arquitectónico que utilizó el ingeniero de la creación para construir su legado: nuestro mundo.

Lo esencial en el átomo es el campo magnético que lo envuelve y le da forma. Las partículas atómicas son tan solo los protagonistas que hacen posible la generación del campo magnético.

Este magnetismo envolvente se divide en dos secciones: una superior, o polo norte, que se extiende desde el ecuador imaginario hasta la parte superior, y la otra, la inferior o polo sur.

Los orbitales de los electrones, girando sobre sí mismos a $v\infty$, se encuentran en la zona central, lo que podríamos denominar el ecuador atómico. Por último, en el corazón del átomo se encuentra el núcleo con sus partículas girando también sobre sí mismo a la velocidad de $v\infty$.

Como no hay nada mejor que una representación gráfica, te propongo un símil entre un átomo de hidrógeno y un modelo que tenemos muy a mano: la Tierra.

Imagina que el globo terráqueo representa el protón de hidrógeno, la Luna simboliza al electrón y el magnetismo de la Tierra reproduce fielmente el campo magnético del átomo con su polo N y S. Como puedes observar, es una puesta en escena muy fiel y bien proporcionada. Casi podría representar la tan anhelada «teoría unificada». No obstante, los movimientos de rotación y traslación no se reproducen de igual manera que en el mundo cuántico ya que las dimensiones de velocidad, tiempo y el espacio no existen.

Como puedes apreciar, mi modelo atómico es similar a una estructura planetaria, y esto no es casualidad. Si examinas los prototipos de la naturaleza, comprobarás que el diseño fractal y la proporción áurea son pautas estructurales que le encantan al CEO de nuestro universo. Este algoritmo constructivo se repite desde las estructuras más pequeñas como el átomo, hasta las grandes arquitecturas que forman las galaxias. Y más adelante descubrirás que su configuración también es similar a los agujeros negros.

Mi propuesta planetaria del átomo no es nueva. Ernest Rutherford presentó en 1911 una teoría similar, no obstante, no consiguió pasar los filtros de la ciencia que finalmente la rechazó.

El principal problema del modelo de Rutherford fue que asumió que los electrones giraban en órbitas circulares en torno al núcleo, según esto, los electrones se deberían mover a gran velocidad lo que, junto con la órbita que describen, los haría perder energía colapsando con el núcleo. Hoy se sabe que esto no sucede.

En mi propuesta que te voy desarrollando a lo largo del libro aseguro que los electrones se encuentran en zonas estables de sus órbitas. En cambio, con referencia al núcleo, los electrones se mueven a una velocidad infinita $v\infty$. Además, como te explico a lo largo de mi trabajo, los propios campos magnéticos atómicos impiden que los electrones se aproximen al núcleo.

Esta particularidad es la clave que diferencia mi estructura del átomo del resto de las propuestas.

Ahora te voy a ir desgranando otros conceptos interesantes a tener en cuenta. El átomo está formado por tres partículas esenciales: protones, neutrones y electrones. En este aspecto estamos todos de acuerdo. Sin embargo, los científicos y los dogmáticos afirman que estas tres partículas están formadas por cargas eléctricas. Un aspecto que no estoy muy convencido.

En cuanto a la composición de las tres partículas esenciales, barajo dos posibilidades: cargas eléctricas o elementos magnéticos unipolares.

Si consideramos que las tres partículas son cargas eléctricas, entonces deben establecerse con las siguientes características: el protón con carga positiva +1, el neutrón con carga neutra 0 y el electrón carga negativa -1. Con esta configuración el átomo presenta un comportamiento racional que es aceptado por todo el mundo.

No obstante, me atrevo a replantear una pequeña variante. El neutrón, aunque se define como neutro, en realidad es negativo respecto al protón, de ahí su atracción mutua, y ambos serían positivos respecto a los electrones. Mi modelo, nunca antes descrito así, representa un sistema ternario en lugar de binario. El mismo modelo que quizá algún día no muy lejano trabajen los sistemas informáticos: 0, +1, -1.

El otro escenario que barajo podría ser que las tres partículas sean cargas magnéticas monopolares. En este aspecto, el protón debería ser una carga magnética N, el electrón S y el neutrón una carga magnética neutra que sería atraído por los dos tipos de campos magnéticos conocidos: norte y sur. En este aspecto debo aclararte que los campos magnéticos unipolares no existen, por lo menos en nuestro mundo, pero quién sabe si se encuentran en el mundo cuántico.

En todo caso no te aturulles. No tiene mucha importancia si las partículas son eléctricas o magnéticas para comprender los efectos y consecuencias que planteo sobre los campos magnéticos del átomo, que finalmente es lo que importa de momento.

En definitiva, la única estructura posible que intuyo para que el átomo genere todos los efectos derivados de sus campos magnéticos es la arquitectura planetaria. Como te he insistido de manera reiterada, con esta configuración se pueden explicar de forma racional los fenómenos de la luz, el calor, la gravedad e incluso el fotón.

Es conveniente tener presente que en ciencia es bueno cuestionarse lo establecido porque ello abre nuevos caminos de investigación.

Finalmente recuerda que en ocasiones te he comentado que la ciencia nunca podrá desarrollar el sueño de Einstein, la «teoría del todo» o «teoría unificada». Las dimensiones y la realidad que acontece en el mundo cuántico no tienen nada que ver con nuestro universo. No obstante, esto no impide que la estructura del átomo sea similar a un sistema planetario, porque no hay nada que le guste más a la naturaleza que los modelos repetitivos.

Parafraseando a los geniales creativos publicitarios de R&R Partners: lo que pasa en el mundo cuántico, se queda en el mundo cuántico.

El átomo: sus partículas

Ha llegado el momento de poner en el banco de pruebas a las partículas elementales responsables de los campos magnéticos atómicos. Ya conoces que es la parte esencial de mi trabajo. Sobre las «partículas de las partículas» como los muones, quarks, bosones y el resto de fenómenos alucinógenos, ya sabes, se los dejo a los enterrados del CERN para que sigan flipando en colores y puedan, quizás un día, descubrir el código fuente de la creación.

Pero volvamos a lo importante. Los dos actores principales de mi relato son los protones y electrones. Luego están los neutrones, que como ya descubrirás, desempeñan un papel de comodines.

Los electrones

En la capa externa del átomo se encuentran los electrones alrededor del núcleo. En esto coincidimos todos. Por el contrario, yo los sitúo en una zona imaginaria concreta que denomino «ecuador».

Seguro que en algún momento te has preguntado si los electrones dan vueltas alrededor del protón o se encuentran en un espacio determinado.

La respuesta es relativa; el electrón está quieto y al mismo tiempo gira alrededor del protón a todo gas. ¿De qué depende? Tómate un tiempo a ver si lo deduces… tic, tac, tic, tac.

La clave se encuentra en el punto de observación. Un parámetro que nadie suele tener en cuenta en los diversos análisis de la física cuántica. Si con esta pista que te ofrecí lo adivinaste, eres un crack. En el capítulo *El punto de observación*, te insisto mucho sobre la importancia que tiene este concepto en cualquier análisis.

Es significativo destacar que los electrones ocupan un espacio específico del orbital y, desde nuestra perspectiva de observadores, no se desplazan de forma traslacional alrededor del núcleo. No obstante, los electrones sí efectúan un movimiento intrínseco: rotan sobre sí mismos a una velocidad infinita $v\infty$.

Pero si nos introducimos de forma imaginaria en el núcleo junto al protón, la situación cambia. Desde ese punto de observación percibiremos que los electrones giran a nuestro alrededor a toda leche. En concreto a $v\infty$.

Gracias a que desde la perspectiva del mundo exterior los electrones están prácticamente inmóviles en una zona orbital determinada, ello permite que ciertos átomos compartan algún electrón, se facilite la formación de las moléculas y es posible la corriente de electrones entre átomos.

En resumen, desde nuestro punto de vista fuera del átomo, los electrones no muestran un movimiento significativo de traslación, pero sí de rotación. Esta disposición de los electrones en un eje horizontal, a lo que podríamos llamar el «ecuador» del átomo, divide el magnetismo en dos secciones: norte y sur.

Otro aspecto de la física cuántica poco comprendido es por qué los electrones se agrupan por capas con un número determinado alrededor del protón. No es un capricho de la naturaleza. Los electrones son muy generosos y en ocasiones se comparten con más de un átomo. Además, son muy respetuosos guardando la «distancia social» entre ellos al tener la misma carga «magnética» o «eléctrica» —lo dejo a tu gusto—. Por consiguiente, guardan la distancia de repulsión con los electrones que tienen en su alrededor, tanto los del estrato anterior como posterior.

Es evidente que a medida que cada capa de electrones se aleja del núcleo, la circunferencia que dibujan es mayor, lo que permite agrupar más cantidad electrones. ¡Ah!, y no te olvides de un aspecto importante: cuantas más capas de electrones tiene un átomo, mayor es el tamaño de su campo magnético. Un aspecto esencial que determinará su frecuencia de resonancia.

Una cuestión más antes de abandonar a los electrones. ¿Por qué se encuentran en órbitas y no colisionan contra el núcleo que sería lo natural? Justo por este aspecto se rechazó la teoría de Rutherford.

En principio, los electrones deberían colisionar contra los núcleos de los átomos por dos razones: la fuerza centrípeta del núcleo o gravedad y por la diferencia del potencial entre los protones y electrones. La realidad es que ninguna de las dos fuerzas lo consiguen porque se interpone entre los electrones y protones el campo magnético, que curiosamente ambos producen.

Como puedes observar, todo va encajando en el rompecabezas de mi modelo planetario atómico.

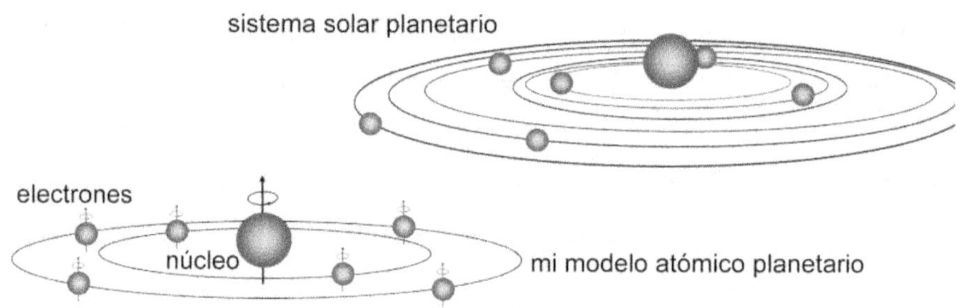

Similitud de los modelos de la naturaleza

El núcleo

Finalmente se encuentra el núcleo orquestando la maravillosa puesta en escena de la creación. Sin duda es el prota de esta historia —prota no es el femenino de protón ;) —.

La principal característica del núcleo es su giro rotacional sobre sí mismo y, al igual que el electrón, lo realiza a una velocidad infinita v∞. Esta velocidad que represento con v∞ se conoce en el mundo paracientífico como «ir a toda leche». Sé que no es un término muy académico, pero no me negarás que es descriptivo.

Esta energía centrípeta desarrollada por el núcleo es la responsable de la fuerza de la gravedad. Un aspecto hasta ahora desconocido que te descubro con detalle en el capítulo *La gravedad*.

En la actualidad conocemos que el núcleo es la parte que más masa tiene del átomo. Pues bien, si aceptamos la teoría de la relatividad, podemos asegurar que la supuesta masa de los protones y neutrones es en función de su velocidad.

Si mi predicción es cierta, en la que afirmo que el núcleo se mueve a una $v\infty$, entonces esas partículas en reposo deben convertirse en nada. O menos que nada. En ese caso, si los núcleos se pararan, adiós masa y adiós gravedad. ¡Esto acojona y mucho!

Solo espero que el ingeniero que hay detrás de toda la arquitectura cuántica les haya dado cuerda para rato a los núcleos y no los diseñara con obsolescencia programada.

Respecto a la energía que los núcleos atómicos transforman en gravedad debes saber que, aunque es una fuerza débil, se fortalece con la suma de las fuerzas gravitatorias de todos los átomos.

Esto me conduce a una conclusión trascendente: todos los núcleos de los átomos que se encuentran en una misma área de influencia gravitatoria giran en el mimo sentido. De esta manera todos los núcleos suman su fuerza gravitacional.

El giro de Dios

Si eres curioso, supongo que ahora querrás conocer ¿en qué sentido giran los núcleos de los átomos? La respuesta es en el sentido antihorario.

Aunque desconozco el motivo, podemos comprobarlo si fijamos nuestro punto de referencia desde un plano superior en el sistema solar. En este caso observamos que todos los planetas, incluido el Sol, giran en el sentido contrario a las agujas del reloj.

Algunos astrónomos matizan que Venus es una excepción. Esto es imposible, lo que sucede es que su densa atmósfera impide apreciar el sentido real de rotación del planeta.

Por lo tanto, el Sol gira sobre sí mismo en el sentido antihorario, los planetas en sus movimientos de rotación y traslación lo hacen en idéntico sentido, al igual que todos los astros de nuestra galaxia. Incluso cualquier meteorito que cae a la Tierra lo hace dibujando las líneas de la fuerza de gravedad, salvo que lleve una velocidad tan grande que sea capaz de mantener su propia trayectoria.

Deduzco que el sentido de giro antihorario es la firma divina impresa en cada uno de los elementos de nuestro universo.

Ya que conoces muchos aspectos de los átomos, podrás entender este diálogo:

¿Qué le dijo un átomo a otro átomo?

— Creo que he perdido un electrón.

— ¿Estás seguro?

— Sí, estoy positivamente seguro.

Por qué brillan las estrellas: el color de la vida

Coffee break

Creo que es momento de tomar otro break time después de este palizón estructural del átomo.

A lo largo de mi historia te he mencionado en varias ocasiones a los personajes estirados; ahora te voy a contar por qué los tengo en el punto de mira.

Cuando registré el borrador de mi hipótesis sobre los campos magnéticos del átomo en 2009, me puse en contacto con varios profesores de la UPV —Universidad Politécnica de Valencia—, científicos y expertos en la materia. Incluso hablé con los responsables de la Ciudad de las Artes y las Ciencias. La realidad es que todos me ignoraron, excepto uno, cuyo nombre me alegro no recordar. Lo más amable que me dijo fue: «Lo que debes hacer es estudiar un poco la física del átomo y luego podrás escribir sobre él».

La experiencia fue desalentadora, aunque tristemente normal en este sector. Es la típica escena que tanto se ha repetido a lo largo de la historia. La humanidad aprende poco y despacio. A pesar de esta «motivadora» experiencia debo mencionar a tres personas que me apoyaron. Aunque son minoría, su carga emocional compensa la negatividad de todos los estirados con los que me tropecé.

Antonio Ferrer Soria, profesor de la Universidad de Valencia, después de leer el borrador me llamó por teléfono y me animó a desarrollar mis conjeturas, diciéndome: «Debes publicarla sin temor a estar equivocado; el problema será de los demás demostrar que no es correcto lo que afirmas».

La segunda persona que me animó fue Rosa, mi compañera. En realidad, fue la primera que me apoyó en el minuto uno y me guio para que registrara el borrador de mi trabajo en 2009.

Desde entonces y hasta finalizar mi ensayo ha seguido apoyándome y, lo que es más meritorio, me ha soportado estoicamente todos los días con las incertidumbres de mi libro.

Y el tercer chute estimulante fue la parte más tierna de esta historia: mi hija Natalia. A los nueve años de edad, cuando registré el borrador de este libro, me dijo: «Papá, te quiero con todos los átomos de mi cuerpo». En la actualidad tiene veinticuatro años, es ingeniera de tecnología de alimentos y se encuentra cursando un máster de dos años en distintas universidades europeas. A pesar de la distancia, ella y su madre han vigilado cotidianamente que las cosas que te cuento en este libro no me salieran del corazón sin pasar por el cerebro. Es decir, que no me desmadrara más de lo necesario.

Ya conoces un poco más a los protas de mi historia: las estrellas que me han iluminado y los arrogantes estirados. A los necios se les puede saludar, pero a los estirados, ni los buenos días.

Y ahora volvamos al lío, que me he pasado de tiempo con este café tan emotivo.

Campos magnéticos del átomo

Lo primero que debo matizarte desde mi perspectiva es que los átomos no vibran, tal como sostienen algunos científicos. Son los campos magnéticos atómicos los que oscilan emitiendo ondas de radiofrecuencia. Recuerda que campos magnéticos alternos y radiofrecuencia son sinónimos.

Ahora te voy a introducir un poco más en la parte esencial de mi trabajo: los campos magnéticos de los átomos. Esta energía, junto a su estructura, confieren la mecánica de transmisión perfecta de las ondas que generan los campos magnéticos para que los fotones de la luz, el calor y los olores se propaguen de la forma que lo hacen.

Desde mi posición, este campo magnético del átomo es lo más transcendental de nuestro mundo. Representa la esencia de todo el universo, ya que su composición y tamaño son los atributos que determinan la configuración física de los objetos.

Observa bien, la ciencia concluye que la estructura de la materia se establece por el número de protones y electrones que un átomo posee. Aunque es cierto en esencia, no es del todo preciso. Cuando le quitamos un electrón a un átomo de cobre, este sigue siendo cobre. De esto deduzco que, en realidad es su campo magnético lo que determina la característica de un elemento.

Antes que nada, voy a contextualizarte recordándote este concepto que te he mencionado en varias ocasiones: el espacio existente entre los electrones y el núcleo alberga el campo magnético del átomo, el cual se forma debido a la interacción de los electrones con los protones.

Por un lado, tenemos los protones con una carga positiva o magnética rotando a $v\infty$ frente a los electrones de carga opuesta. Esta interacción de elementos con distintos potenciales es el responsable de la creación de ese campo magnético entre las dos partículas. Ese magnetismo es la barrera que impide que el electrón se aproxime al protón. Si a un átomo le eliminamos sus electrones, su campo magnético desaparece. Su mecánica recuerda, en cierto modo, a una dinamo.

Este campo magnético tiene dos polaridades: norte y sur, y están delimitadas por una imaginaria zona ecuatorial. Dependiendo de su nivel de actividad, estos campos magnéticos pueden girar sobre un eje horizontal a distintas frecuencias. A este fenómeno lo llamo «rotación vertical».

A modo de adelanto, te contaré que el campo magnético atómico tiene una particularidad que jamás nadie ha descrito: la direccionalidad de transmisión de la radiofrecuencia. En realidad, lo he denominado como «sentidilidad» ya que hace referencia al sentido y no a la dirección.

Este aspecto es de suma importancia, pues proporciona una explicación precisa a todos los enigmas de la refracción y la descomposición de la luz blanca. Te lo cuento con detalle en *La descomposición de la luz blanca*. Un capítulo apasionante en el que descubrirás por qué se descompone la luz blanca en un prisma. De momento quédate con este apunte.

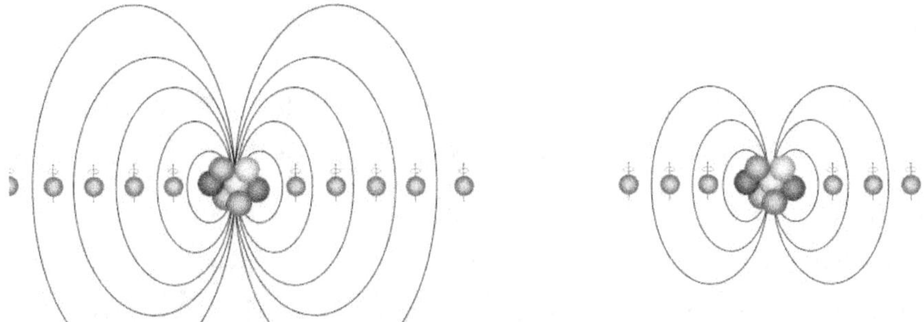

el tamaño del campo magnético del átomo es proporcional al número de sus partículas y condiciona su frecuencia de resonancia

Antes de entrar de lleno en el tema debo recordarte un poco la naturaleza de los elementos del átomo: los electrones jamás pueden atravesar un campo magnético fuerte, mientras que los protones y neutrones lo consiguen siempre que se les aplique la suficiente energía.

Dicho esto, que es esencial para poder comprender mi planteamiento, vamos a recrear la formación de un átomo de hidrógeno. Este ejemplo se cita siempre en todos los estudios por ser el átomo más sencillo, que no simple, al estar formado por solo un electrón y un protón. El hidrógeno es tan básico que ni tan siquiera necesita los servicios de un peón neutrón.

A partir de ahora, si escuchas a alguien decir: «ese es más simple que el mecanismo de un botijo», no le pongas cara de póker, rectifícale sonriendo: «es más simple que el hidrógeno».

Más adelante te dedico un coffee break monotemático donde te descubro que el botijo, lejos de ser un mecanismo simple, utiliza la compleja mecánica cuántica para enfriar el agua.

Por cierto, antes de continuar, es posible que te interese conocer por qué el átomo de hidrógeno no necesita un neutrón. Estos solo tienen la función de estabilizar la repulsión entre los protones. Sabemos que la carga magnética o eléctrica de los protones es positiva, y también conocemos que las partículas con la misma carga se repelen mutuamente. Por tanto, los protones por sí solos, nunca podrían compartir espacio en el núcleo del átomo. Con este fin la naturaleza, quizá Dios, creó los neutrones para mantener unidos a los protones como buenos colegas, evitando su repulsión. Podríamos decir que los neutrones son los pacificadores de los núcleos del átomo. Supongo que ya comprendes por qué los átomos de hidrógeno no necesitan ningún pacificador.

Pues bien, te voy a generar un campo magnético recreando la formación virtual de un átomo de hidrógeno. Para ello colocaré en el vacío un protón. Como bien sabes, el protón gira sobre sí mismo a la velocidad de v^∞ generando una fuerza de gravedad, aunque en este caso muy débil al poseer un solo protón. Ahora situaré a una distancia determinada un electrón. A partir de ese momento los dos elementos empezarán a interactuar. Por un lado, la débil gravedad producida por el protón hará que el electrón se acerque gradualmente al protón. Pero existe otra fuerza más poderosa, que es la diferencia del campo magnético o eléctrico entre el protón positivo y el electrón negativo. Dado que estas dos partículas poseen energías opuestas, indefectiblemente estarán condenadas a unirse si nada se lo impide. Pero sí, aparecerá una fuerza que lo obstaculizará.

Detengamos la película para reproducirla a cámara lenta. El protón está a lo suyo, girando sobre sí mismo como un motor de movimiento continuo. En ese instante, observamos que el electrón se acerca con celeridad hacia el protón. Pero justo cuando parece que la colisión es inevitable, aparece en escena una nueva fuerza interponiéndose entre ambos. Se trata de un campo magnético débil generado por la rotación del protón positivo y la carga negativa del electrón. Si seguimos observando la escena, comprobaremos que, a pesar del campo magnético que se interpone entre ambas partículas, el electrón continúa avanzando y, como resultado, el campo magnético se hace más intenso. Esto provoca una desaceleración del electrón. A pesar de ello, el electrón sigue obcecado en su trayectoria directa al protón. Ahora se desencadena una acción-reacción: cuanto más se acerca el electrón al núcleo, más fuerte se hace el campo magnético. Esto sucede hasta convertirse en una barrera infranqueable, condenando al electrón a quedarse en esa posición perpetua equidistante del núcleo.

Si ahora repetimos la película al revés, alejando gradualmente el electrón del protón, advertiremos que el campo magnético que se interpone entre las dos partículas se desvanece progresivamente.

De todo esto podemos extraer dos conclusiones: el electrón no puede atravesar campos magnéticos fuertes y la intensidad del campo magnético es proporcional a la proximidad entre estas dos partículas.

Ahora que ya conoces esta característica esencial de los electrones, nunca intentes atravesar una pared porque te pegarás una leche, a no ser que primero te despojes de todos tus electrones.

Características de los campos magnéticos atómicos

El tamaño del campo magnético que envuelve el núcleo está en función de dos características: el número de electrones del átomo y de su actividad de rotación vertical. Un átomo con 20 electrones posee un campo magnético mayor que un átomo con 2 electrones. El tamaño del campo magnético también varía en función de su actividad rotacional norte sur —rotación vertical—. A mayor frecuencia de rotación vertical, el tamaño del campo magnético aumenta, por lo tanto, el átomo ocupa más espacio aumentando las distancias entre átomos. Este fenómeno sucede con cualquier elemento: el aire, el hierro, el agua y así con todos los átomos y moléculas. Sí, te he mencionado el agua y no ha sido un desliz.

Dice la ciencia que cualquier elemento ocupa menos espacio cuando se congela a excepción del agua. Es un error inducido por una falsa apariencia. Cuando el agua se congela, sus átomos no se organizan de forma uniforme, lo realizan con arquitectura de fractales atrapando entre sus estructuras multitud de moléculas de aire. La conclusión, el volumen bruto del hielo es mayor, pero si eliminamos las moléculas de aire comprimiendo el hielo, comprobaremos que el agua congelada ocupa menos volumen al igual que todos los elementos comunes.

En definitiva, los campos magnéticos son la esencia misma del átomo: determinan su tamaño, frecuencia de resonancia e impiden que atravesemos las sillas al sentarnos.

Supongo que con todas las cosas que te he contado, deberías comprender por qué no traspasamos objetos sólidos. Pero si te queda algún resquicio de duda, te dejo una analogía que se me acaba de ocurrir.

Imagina una pared repleta de globos de aire colocados uno al lado de otro. En realidad, esta construcción se encuentra casi vacía. De hecho, si comprimimos todos los globos sin aire, cabrían en el espacio de un par de centímetros cuadrados. No obstante, si quisiéramos atravesar esa barrera de globos con un globo inflado, no podríamos porque tropezaría con cualquier globo de la pared, a pesar de ser una estructura casi vacía.

Imagina que la parte visible del globo es un electrón con el campo magnético del átomo. También sabes que un electrón no puede atravesar su campo magnético y mucho menos, el campo magnético de otro átomo. Por lo tanto, cuando acercas tu mano con sus miles de millones de átomos a una mesa, con sus miles de millones de átomos, todos y cada uno de los miles de millones de electrones se encuentra ante una barrera magnética infranqueable. ¿Y qué notas? Algo sólido y muy resistente porque no es uno, son miles de millones de campos magnéticos que bloquean a los electrones de tu mano.

Como podrás observar a lo largo de los diferentes capítulos, los campos magnéticos ofrecen respuestas precisas a preguntas concretas.

Estructura de la materia

A medida que te relato mis ideas me ilusiono al comprobar que todo encaja a la perfección. Es más, pienso que mi planteamiento ofrece soluciones alternativas a preguntas complejas que la ciencia no responde de manera clara.

¿Nunca te has cuestionado por qué cuando partes una madera, al unirla de nuevo no se ensambla otra vez? Bueno, quizá te he puesto un ejemplo complejo porque la madera está compuesta por multitud de moléculas y átomos distintos. Más simple, plantéate la misma pregunta con la plata, por ejemplo. Un elemento homogéneo.

La ciencia explica que la materia está formada por átomos y moléculas, pero se sabe poco sobre la arquitectura atómica de los materiales. La ciencia no suele meterse en este charco para no mancharse. Hoy me he puesto el mono de trabajo y me voy a meter a ver si no me embarro mucho.

La primera deducción a la que llego es que los átomos, o moléculas similares, se acoplan magnéticamente entre ellos de forma perfecta. Los átomos vienen a ser como las piezas de un puzle. Existen muchos rompecabezas y cada uno de ellos tiene piezas de un tamaño determinado. Es decir, las piezas de un puzle no se acoplan en otros. Pues algo similar sucede con los átomos y moléculas.

Estas uniones se encadenan longitudinalmente como si fueran «gusanos». La orientación y dirección de estas cadenas se establecen en todas las variables de las tres dimensiones. Aunque se trata de una unión débil, no te equivoques, millones de átomos ofrecen una fuerza significativa.

Para entender mejor la débil fuerza de estas uniones, piensa en una maroma de barco. Está construida con hilos muy finos de fibra vegetal o artificial, en cambio es capaz de amarrar grandes buques sin romperse. La unión hace la fuerza. Aunque no es una ley física en este caso es muy descriptiva.

estructura de gusano de la materia
cada anillo simboliza un átomo

En lo que respecta a la arquitectura de la materia, considero que una tabla de madera de aglomerado puede ser un ejemplo muy explicativo. Su estructura visible es similar a la materia a nivel atómico. Si examinas su entramado interno descubrirás multitud de fibras de madera entrelazadas y en todas las direcciones.

Si partes a mano —no con una sierra— un listón de aglomerado comprobarás que el corte no es limpio. En ambos lados del listón sobresalen multitud de puntas y astillas. Si intentas unirlo de nuevo parece que va a encajar, pero es imposible que consigas dejarlo en su estado original como si fuera una sola pieza.

Observa atentamente: cada astilla encaja a la perfección con el otro lado. No obstante, existe un problema, son miles de puntas en todas las direcciones imposible de hacerlas coincidir.

Ahora imagina que puedes aumentar el tamaño de ese listón de aglomerado unas cien veces. Al agrandar el espacio entre las fibras, te será más fácil encajar las dos piezas para dejarlo en apariencia en su estado original.

Este ejemplo del aglomerado no es exactamente lo que sucede a nivel atómico, pero es un símil que te ayudará a comprender la aplicación de mi exposición en este campo.

En el siguiente paso te propongo un ejemplo práctico con un trozo de hierro. Pero antes recuerda una de las peculiaridades de mi propuesta sobre los campos magnéticos atómicos: al aumentar la actividad rotativa vertical del campo magnético —aumento de calor—, el tamaño del campo magnético se incrementa. Esto tiene una consecuencia inmediata: los átomos ocupan más espacio y se distancian entre sí.

Pues bien, cuando los átomos se separan se rompen las cadenas longitudinales de átomos. ¿Recuerdas las cadenas de «gusanos» que te comenté con anterioridad?

Así que, al someter el hierro a una temperatura más alta, se funde. Ya no existen las cadenas atómicas —gusanos de átomos— y cada átomo va por libre. En este estado líquido puedes separar una porción de hierro y volverlo a unir conservando la misma estructura homogénea porque no existen las cadenas.

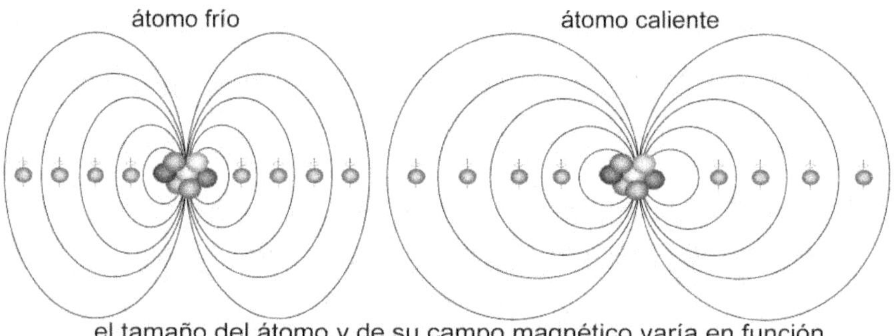

el tamaño del átomo y de su campo magnético varía en función de la temperatura

En este punto, aplicando mi desarrollo, ya puedes comprender por qué al calentar un elemento aumenta su tamaño. Pero no he terminado, espera que ahora viene la parte más divertida. En un mismo material y con sus mismos elementos, puedes modificar sus estructuras de «gusanos» para conseguir materiales con propiedades distintas.

Con este ejemplo lo comprenderás con facilidad. Cuando el hierro candente comienza a enfriarse, los tamaños de los átomos —sus campos magnéticos— reducen su volumen. Poco a poco los átomos vuelven a emparejarse formando de nuevo las cadenas de «gusanos».

Es fácil deducir que las estructuras de estas cadenas atómicas son diferentes dependiendo del material que utilicemos. Pero, ¿podemos formar cadenas con diferentes configuraciones en un mismo elemento? Sí, y ese aspecto es muy curioso. Dependiendo del diseño de las cadenas, el material tendrá características distintas. Por ejemplo, si enfriamos el hierro de manera muy lenta, una vez frío, será dúctil. Es decir, lo podremos doblar con facilidad.

Si lo enfriamos a temperatura ambiente, seguirá siendo maleable, pero obtendremos una mayor dureza. Ahora bien, ¿y si el hierro fundido lo enfriamos bruscamente metiéndolo en agua? Lograremos un hierro imposible de doblar, antes se partirá que lo podremos doblegar. En esencia, acabamos de crear acero.

Como puedes ver, el mismo elemento y con idénticos átomos, podemos conseguir tres tipos de materiales con características diferentes. Entonces, ¿qué ha cambiado en todos ellos? Solo hemos modificado la estructura de las cadenas longitudinales de átomos: «las cadenas de gusanos».

Coffee break

En todas las historias, siempre hay algún término que se repite más que tu canción favorita en la radio. Cuando se trata de un tema técnico, esa palabra se convierte en un vocablo machacón que podría aburrir hasta a las ovejas. Una regla de oro para mantener una buena sintaxis en un artículo es evitar usar la misma palabra de forma reiterada. Es un aspecto esencial cuando redactamos cualquier tipo de texto.

Como puedes apreciar, parece que esta norma no va conmigo. ¡Pero no pienses que ha sido un desliz! Me lo he currado mucho para no saturarte con los mismos términos: campos magnéticos, átomos, luz, radiofrecuencia y alguno más.

Mientras escribía el libro mi preocupación aumentaba sin saber cómo solucionarlo. No encontraba la forma de redactar frases explicativas sin repetir demasiado los términos científicos.

Sin embargo, encontré sosiego cuando me crucé de forma fortuita con un trabajo de la UPV —Universidad Politécnica de Valencia—. En él se abordaba este aspecto: «La repetición de palabras, desaconsejada en otros tipos de textos, se tolera e incluso se fomenta en los técnico-científicos en razón de la coherencia y de la claridad en las explicaciones».

Es evidente que, al tratar de explicar conceptos científicos de manera comprensible, es necesario machacar algunos términos. Todo esto me recuerda una «historia real» basada en hechos ficticios sobre Einstein.

Las palabras persistentes del maestro fueron la relatividad, tiempo, espacio y alguna otra que seguramente se me escapa. Sus conferencias eran siempre similares. Hasta tal punto, que en uno de los viajes que realizaba Einstein con su habitual chófer de origen austriaco, Josef Müller, éste le confesó que ya conocía de memoria la conferencia que iba a dar de tanto oírla en las diferentes ciudades. El chófer añadió que hasta sería capaz de recitarla completamente.

Einstein le miró sonriendo y le dijo: «Hecho. Antes de llegar paras un momento y nos intercambiamos los papeles».

Así sucedió. En abril de 1922 y aprovechando que físicamente la figura de Einstein era poco conocida, se puso al volante. Por cierto, un aspecto que detestaba, pues no le gustaba nada conducir.

Finalmente llegaron hasta la misma puerta del teatro de esta pequeña localidad. Josef, encarnando al mismísimo Einstein, fue recibido con gran expectación por las máximas autoridades políticas y culturales de la población.

Todo sucedió según lo previsto. Josef ofreció una ponencia impecable con ovaciones por parte de todos los asistentes. Al finalizar la intervención un asistente pidió la palabra para formularle una cuestión: «¿Cómo puede explicar que un reloj mecánico gire más rápido o más lento dependiendo de la velocidad a la que viaja?».

Josef se quedó perplejo durante unos instantes. Hubo unos segundos relativamente largos hasta que reaccionó de forma ingeniosa: «La pregunta que me hace es tan sencilla que dejaré que mi chófer, que se encuentra al final de la sala, se la responda».

Esta historia, que parece ser verídica, la inventó en 1972 la revista Selecciones del Reader's Digest. En esa época, los medios de comunicación globales eran escasos y resultaba muy sencillo convertir una fantasía en un hecho relevante.

La moraleja de esta anécdota es clara: si continúas leyendo mi trabajo serás mi Josef y podrás explicar a la perfección todos los aspectos sobre mis campos magnéticos del átomo.

146

Ondas electromagnéticas

Con este tema no voy a andarme con rodeos; voy a entrar a saco: las ondas electromagnéticas no existen. O por lo menos aún no se han inventado. Esta afirmación no va de coña y tú mismo lo vas a comprobar.

La realidad es que las mal llamadas ondas electromagnéticas son solo ondas magnéticas alternas que se propagan por el espacio. Pronto descubrirás que la electricidad, ni está ni se le espera en esta fiesta.

El concepto erróneo de llamarlas ondas electromagnéticas data de 1872, cuando Heinrich Rudolf Hertz descubrió las ondas de radio, su propagación y recepción. Este tío fue ¡Todo un mákina!

Los investigadores conocían en esa época que el magnetismo podía transformarse en electricidad y viceversa. Supongo que esta relación directa ha influido en este nombre erróneo. Además, también ha contribuido el gran desconocimiento que existe en la actualidad sobre la física de estas ondas.

Uno de los aspectos que te comenté acerca del magnetismo es que su propagación es instantánea. También te recalqué que esta energía es finita, pero ante todo te descubrí cómo depositar un campo magnético en el espacio sin ningún soporte físico. ¿Lo recuerdas? Te hablé con detalle en el capítulo de *El magnetismo*.

Aunque la ciencia tiene un conocimiento bastante completo sobre los efectos de las ondas magnéticas, su estructura sigue siendo un enigma para ella. Justo ese aspecto es el que te voy a desvelar. Al adentrarnos en el mundo de las ondas magnéticas descubrirás una física alucinante. Considero que es una de las obras maestras del ingeniero desconocido que diseñó todo esto de la creación.

¿Qué son las ondas magnéticas alternas u ondas de radiofrecuencia?

Supongo que, si te encuentras en este apartado, es porque deseas conocer qué son estas ondas de una forma clara y sin postureos que enreden jugando al despiste.

Ya sea que hablemos de rayos X, microondas, luz o señales de televisión, todas las ondas son físicamente iguales.

Para ayudarte a comprender los secretos de la radiofrecuencia te voy a proponer la fabricación de una onda. Recuerda que ya te conté cosas al respecto en el capítulo *El magnetismo*.

Vamos a coger un imán para colocar un campo magnético en el espacio al que llamaremos «1». Antes de que este magnetismo desaparezca le adherimos casi instantáneamente otro campo magnético con polaridad opuesta, al que llamaremos «2». Y así sucesivamente hasta que deseemos. De esta manera habremos generado una secuencia de campos magnéticos alternantes: 1, 2, 1, 2, 1, 2, y así de forma sucesiva. Cada vez que incorporamos un nuevo campo magnético, este impulsa al conjunto de ondas a la velocidad aproximada de 300 000 km/s. Es como si fuera un tren con múltiples vagones.

Por cierto, cada ciclo magnético 1 y 2 representa un hercio —Hz—, en honor a su descubridor y máxima figura, Heinrich Hertz.

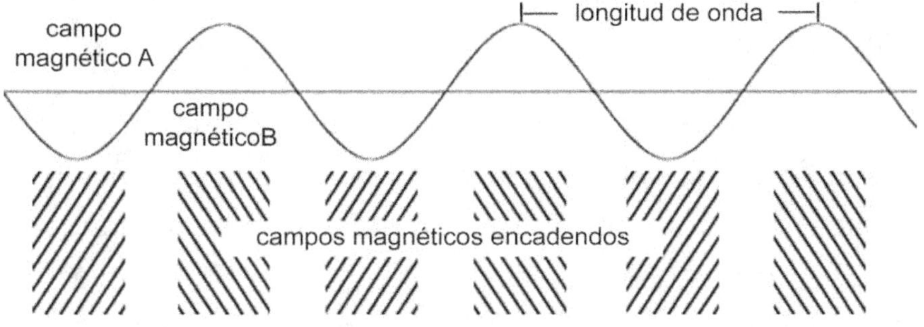

Ya tenemos la onda, ahora falta asignarle una frecuencia. Esto lo lograremos en función de la velocidad a la que cambiemos los campos magnéticos 1 y 2. Si lo hacemos 30 millones de veces por segundo, conseguiremos una onda con una frecuencia de 30 MHz.

Quizá tu curiosidad te haga plantearte cuál es el tamaño longitudinal de esta onda. Pues sí, creo que es interesante que sepas que cada frecuencia tiene una determinada longitud de onda. En concreto, la frecuencia de 30 MHz que hemos fabricado tiene una longitud de onda de 10 metros entre seno y seno.

Cada frecuencia o longitud de onda ofrece unas características muy concretas. De hecho, se utilizan distintas frecuencias en radio, ya sea para transmitir una señal a larga distancia o de forma local.

Lo mismo ocurre con las frecuencias del mundo atómico. Cada longitud de onda produce unos efectos distintos: diferentes colores, calor, etc. Incluso ciertas frecuencias provocan el pigmento moreno de nuestra piel. ¿No son flipantes estas ondas? Quizás este sea el origen de la frase «flipar en colores».

Y una última cosa. Voy a explicarte por qué las ondas magnéticas se desplazan y lo hacen tan «despacito»: 300 000 kilómetros por segundo. A lo largo del libro te he matizado que, según mis conclusiones, el magnetismo se propaga de forma instantánea, por lo tanto, más rápido que la luz.

Entonces, si las ondas de radiofrecuencia solo son paquetes de magnetismo, ¿por qué no viajan de manera instantánea? La respuesta es sencilla: debido al tiempo de conmutación entre el seno —cresta— y el vientre —valle— de la onda.

Fíjate que el magnetismo es una fuerza cuántica. En ese mundo no existe ni el tiempo ni espacio, por ello se propaga de forma instantánea. Otra cosa es lo que acontece en nuestro universo, aquí tenemos tiempo y espacio. Por lo tanto, cuando añadimos un campo magnético de distinta polaridad al anterior, lo que sucede en esa transición es una modificación en su velocidad. Te lo voy a desarrollar con más detalle.

Proporción constante que establece la velocidad de las ondas magnéticas

Creo que esta cuestión es muy importante porque mi exposición explica aspectos que nunca han sido planteadas.

Sabemos que las ondas magnéticas de los átomos viajan todas a la misma velocidad. Esto lo podemos comprobar de manera sencilla al observar cualquier punto luminoso blanco lejano en movimiento. Lo vemos blanco porque todos los colores llegan a nuestros ojos al mismo tiempo; de lo contrario, veríamos los colores con desfase, algo similar al efecto de la refracción.

En este punto, debo resaltarte que las ondas magnéticas no viajan de manera instantánea como el magnetismo, porque todas ellas experimentan una «porción constante de pérdida de velocidad en cada ciclo». Esta peculiaridad es la responsable de que todas las ondas viajen a la velocidad de 299 792 km/s, independiente de su frecuencia.

Si observas la próxima ilustración, comprenderás sin dificultad mi exposición. Cada ciclo se divide en cuatro porciones: dos zonas de conmutación y dos partes activas.

La zona de conmutación es el espacio donde la onda cambia de la cresta al valle y viceversa. Durante la transición, la velocidad de las ondas se reduce de manera gradual, disminuyendo desde una velocidad instantánea a unos 50 000 km/s aproximadamente. A continuación, siguiendo el ciclo, la velocidad vuelve a acelerarse hasta llegar a la zona activa.

Las zonas activas comprenden las dos partes extremas de los dos senos: la cresta y el valle. En estos dos sectores de la onda, el campo magnético es máximo y su propagación es instantánea. Por lo tanto, entre los momentos de desaceleración, aceleración y transmisión instantánea, obtenemos una media de 299 792 km/s.

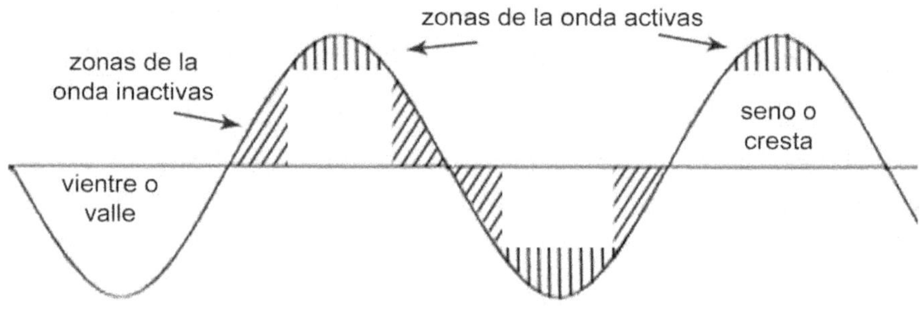

solo ¼ de onda de cada seno y vientre son las partes activas

Me imagino a los estirados en este punto cerrando el libro, si no lo han hecho ya, y a los sacapuntas afilando sus lápices. Sin embargo, también es posible que algún científico inquieto, que los hay, encuentre en mi exposición argumentos sólidos para explorar nuevos caminos y desarrollar el conocimiento transversal.

Volvamos al lío que esto no ha acabado. Ya sabes que cada ciclo se compone de un cuarto de longitud de onda en la zona de conmutación ascendente, otro en la franja descendente, un cuarto de longitud de onda en la parte activa de la cresta y otro en la actividad del valle. En resumen, media longitud de onda —50 % del ciclo— se encuentra en la zona de conmutación y la otra media longitud del ciclo pertenece a la parte activa de la onda.

Por ello, no te debe sorprender que las antenas más eficientes se diseñen con base a media longitud de onda o un cuarto de esta.

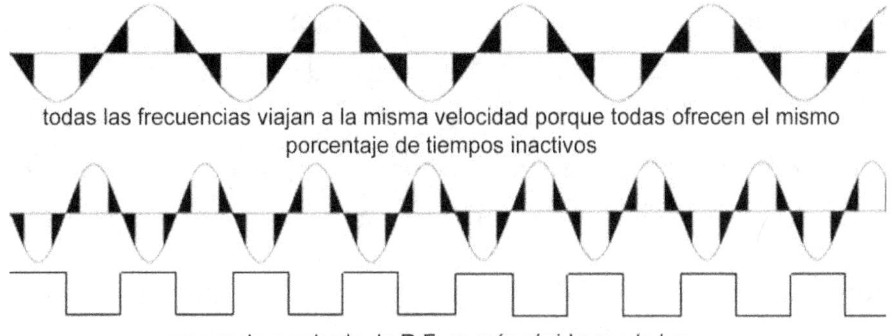

Si has visualizado mi propuesta de forma correcta, es posible que te preguntes —y sino lo hago yo—, si ese 50 % inactivo es el mismo en una frecuencia muy baja que en otra frecuencia muy alta, ¿cómo es posible que todas las frecuencias viajen a la misma velocidad?

En el dibujo puedes analizar que el tiempo inactivo de una onda de baja frecuencia es mucho mayor que en una onda de alta frecuencia. Sin embargo, observa que los porcentajes en una onda de alta frecuencia son pequeños, pero más numerosos. En definitiva, en un mismo intervalo de tiempo, la suma de la cantidad de momentos inactivos es igual en todas las frecuencias. Por esto todas las ondas viajan a la misma velocidad.

Ondas más rápidas que la luz

Lo cierto es que me meto en cada charco que es difícil no mancharse, pero para eso está la ducha.

Sí que existen ondas más rápidas que la luz. En este aspecto hay que disculpar a Einstein, ya que en su época estos conceptos que te voy a compartir no se conocían.

Las ondas que estamos tratando son sinusoidales, es decir, analógicas. En estas ondas, el tiempo de transición entre la zona activa de la cresta y la otra zona activa del valle representan el 50 % de toda la onda. Es lo que yo denomino periodo de transición o conmutación.

Ahora imagina una onda en la que hemos eliminado esta zona de cambio. Si lo has visualizado de forma correcta, habrás obtenido una onda cuadrada. En teoría, esta onda pasa de la cresta al valle en un tiempo cero. Digo teóricamente ya que en la práctica siempre existe un tiempo. ¡El puñetero tiempo! Esta dimensión siempre está con nosotros y forma parte de nuestro universo.

Entonces, si consiguiéramos crear una onda cuadrada a la frecuencia de la luz, obtendríamos una luz que se propagaría al instante, al igual que el magnetismo.

Ya te digo yo que esto es complicado. Por lo menos de momento. Para que te metas en la cuestión, te comento que la máxima frecuencia cuadrada que la tecnología ha conseguido generar es de 4 GHz. Esta es la razón por lo que los ordenadores ya no aumentan su velocidad desde hace unos años. En su lugar, los ingenieros lo suplen añadiendo núcleos de CPU.

En cualquier caso, 4 GHz me parece un logro bestial. Significa que el ciclo pasa «casi» instantáneo de uno a cero

109 veces por segundo. O lo que es igual, 4000 millones de veces por segundo. Una velocidad de vértigo.

Y ya que has llegado hasta aquí, te contaré un proyecto realizable, aunque de momento es ciencia ficción. Y de paso, algún científico inquieto de esos que no tienen prejuicios a la hora de analizar nuevas propuestas, quizá convierta esta ficción en ciencia.

Marte ya está ahí, a la vuelta de la Luna. Uno de los problemas que existen con la conquista de este planeta es la demora en las comunicaciones entre Marte y la Tierra. Tardan una media de 15 minutos. Pues bien, aplicando mi planteamiento, si la tecnología consigue transistores de conmutación de potencia, como mínimo a la frecuencia de 10 GHz, se podrán realizar emisiones de R.F. con ondas cuadradas. En ese caso, las comunicaciones se realizarían al instante. Sin demora. ¡Ahí lo dejo!

Características de las ondas magnéticas

Ahora te voy a contar algunas peculiaridades que encuentro interesantes en las ondas magnéticas.

Existen dos tipos de ondas en cuanto a su arquitectura física. Por una parte, se encuentran las emitidas por los átomos, que son multipolarizadas o helicoidales, tal como las defino a lo largo de mi trabajo. Algunos ejemplos son la luz, microondas y los infrarrojos, entre otros. Luego encontramos las ondas de «fabricación casera», las que producimos nosotros con la radio, televisión y un sinfín más de medios. Estas son únicamente de polarización vertical u horizontal.

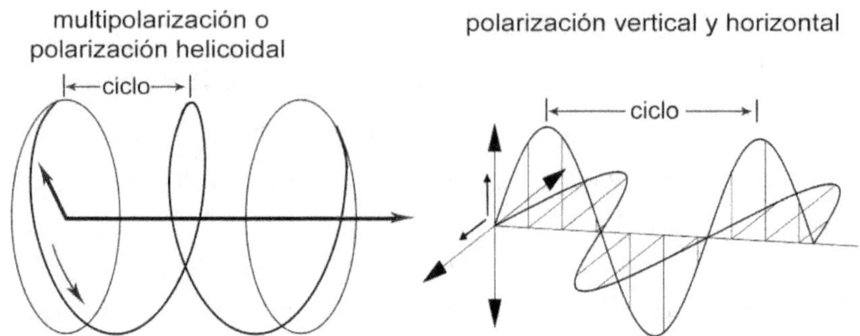

Las ondas magnéticas nunca desaparecen, ni siquiera un agujero negro puede con ellas. En este punto la ciencia patina. Comete un grave error que repite sin cesar. En todo caso, lo único que logra la gravedad es distorsionar un poco la trayectoria de las ondas de radiofrecuencia. Bueno, en realidad no estoy seguro si la gravedad modifica la ruta de las ondas o si son las ondas las que esquivan hábilmente la gravedad. En todo caso, como te cuento en el capítulo *Agujeros negros*, estos se comen todo menos las ondas magnéticas.

Entonces, las ondas magnéticas nunca desaparecen, no tienen masa y ninguna fuerza las detiene. Viajan infinitamente a una velocidad constante. ¡Oh!, quizá sí desaparezcan cuando salen de nuestro universo.
Aparte de bromas extradimensionales, existe una sola forma de eliminar una onda de radiofrecuencia. De hecho, ocurre a menudo en la naturaleza. Cuando una onda tropieza con un elemento, se refleja cambiando de dirección, ahora bien, si

incide con un cuerpo que es capaz de resonar a la frecuencia de la onda, entonces la absorbe transformando su energía. Este aspecto lo he tratado con detalle en el apartado, *¿Qué es la luz?*

Otra característica de las ondas es que no se interfieren entre sí. Conviven todas las frecuencias en armonía compartiendo espacio y tiempo. Imagina en el centro de una gran ciudad, la telaraña de ondas de radio, televisión y móviles, y ahí están todas compartiendo espacio como si fueran únicas.

Date cuenta de cómo las ondas magnéticas y las ondas sonoras son totalmente distintas desde un punto de vista físico. Mientras que las ondas de radiofrecuencia no tienen masa, las ondas sonoras, sí. En cambio, ofrecen analogías curiosas: se representan gráficamente igual, tienen armónicos, se pueden atenuar con ondas en contrafase, reaccionan con elementos resonantes y alguna curiosidad más. ¡Vaya! Y no se interfieren. Imagina una sala de espera, pueden hallarse diez personas hablando todas a la vez, en cambio sus ondas siguen sus caminos sin entorpecerse. Esta similitud de comportamiento siempre me ha llamado la atención.

Creo que ya hemos compartido muchas cosas interesantes sobre las ondas magnéticas alternas. Te he explicado por qué un campo magnético alterno no se desvanece con el tiempo y por qué viaja por el espacio a una velocidad constante. Son dos aspectos poco conocidos por la ciencia. También has descubierto los tipos de polarizaciones de las ondas y algunos detalles más que son necesarios para comprender por qué vemos brillar las estrellas.

En definitiva, habrás comprobado que no tiene sentido llamarlas ondas electromagnéticas, porque ni los electrones ni la electricidad han participado en esta historia.

Transmisión de radiofrecuencia atómica

Creo que ya estás preparado para que te introduzca poco a poco en el terreno misterioso de la luz, y descubras cómo transmite un átomo su radiofrecuencia. En resumen, lo hace igual que cualquier antena de radio, pero en lugar de cambiar la onda de polaridad por medios eléctricos, ---el átomo lo realiza por medios físicos.

Imagina un átomo «A» que oscila, o gira sobre sí mismo N S —rotación vertical—, a una frecuencia específica. Por lógica, emite un campo magnético alterno —radiofrecuencia— en todas direcciones. Cuando esta frecuencia llega a otro átomo «B», cuya frecuencia de resonancia es la misma, este átomo receptor comenzará a oscilar de forma sincronizada con el átomo «A». Observa que al oscilar el átomo «B», por pura lógica emitirá una radiofrecuencia que afectará a cualquier otro átomo que se encuentre en su alcance.

Te propongo un ejemplo práctico para hacerte más comprensible mi exposición. Cogemos una brújula, que como bien sabes su aguja es un imán norte sur. Ahora acercamos un pequeño imán y lo situamos en paralelo a la brújula con la misma polaridad. Comprobarás que de forma automática la aguja de la brújula se dará la vuelta buscando los polos opuestos del imán. En ese instante le damos la vuelta al imán y lógicamente la brújula reaccionará girando de nuevo, y así sucesivamente. Con este pequeño juego puedes comprobar que la brújula y el imán oscilan de manera sincronizada y además a la misma frecuencia. Así es como actúan los campos magnéticos de los átomos.

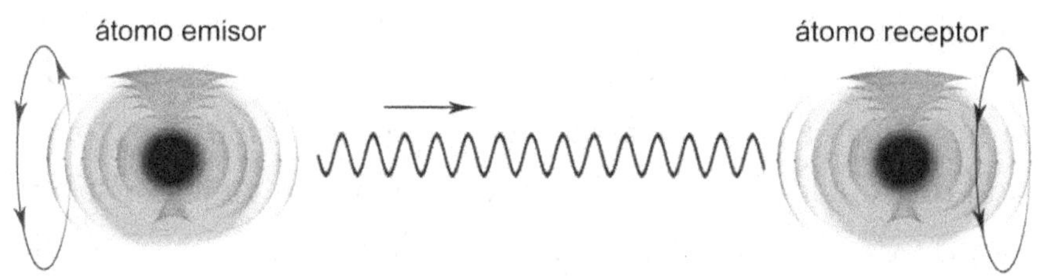

el átomo receptor oscilará a la frecuencia recibida solo si es capaz de resonar a dicha frecuencia

Este cambio de polaridad magnética genera ondas de radiofrecuencia de manera similar al experimento del capítulo *Experimento casero de la emisión helicoidal*.

A menudo nos sorprende la naturaleza al descubrir que detrás de sistemas complejos se encuentran mecánicas mucho más sencillas —que no simples— de lo que podríamos imaginar.

Ahora ya conoces cómo vislumbro la transmisión de radiofrecuencia de un átomo a otro. Esto que parece muy comprensible entre dos átomos se complica mucho en la práctica. Ten en cuenta que en la naturaleza coexisten infinidad de átomos muy próximos entre sí interactuando todos con sus campos magnéticos. Si pudiéramos ver la actividad de los átomos, los percibiríamos como un hervidero caótico de partículas.

La interacción entre los átomos me recuerda mucho al efecto mariposa. Si frenas, paralizas o aceleras la frecuencia de rotación de un solo átomo, sus efectos repercuten en todos los átomos de su entorno.

Polarización de la radiofrecuencia atómica

En el capítulo sobre *Ondas electromagnéticas*, te expliqué el método para transmitir ondas de campos magnéticos alternantes, conocidos como radiofrecuencia. Esto lo realizamos mediante antenas diseñadas con polarización vertical u horizontal. Estos dos métodos son los más empleados en la transmisión de ondas de radio, televisión y microondas. En cambio, el campo magnético que envuelve el átomo utiliza todas las polarizaciones infinitas que ofrece un círculo. Este tipo de transmisión multipolarizado lo he denominado «polarización helicoidal».

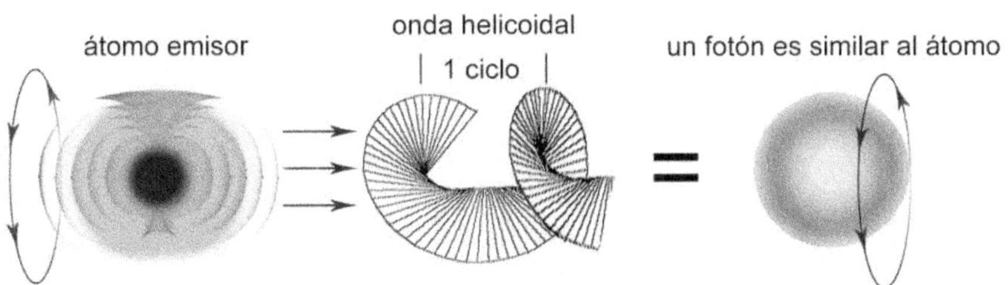

un ciclo de una onda helicoidal producida por un átomo genera un fotón, una estructura magnética similar al átomo, pero sin masa

Si analizamos un ciclo de radiofrecuencia emitido por un átomo, podemos imaginar que está compuesto por una infinidad de polarizaciones circulares. En el siguiente capítulo, *Experimento casero de la emisión helicoidal*, te propongo un generador de este tipo de ondas que te ayudará a comprenderlo mejor.

Estas ondas helicoidales son el resultado de la rotación vertical de los átomos. Cuando registré esta hipótesis en 2009 las llamé «MOA» o «Magnetismo de las Ondas Atómicas». Sin embargo, creo que por consideración histórica debo seguir llamándole «fotón».

Este tipo de emisión de ondas multipolarizadas confiere a la radiofrecuencia atómica unas características muy especiales. Cada ciclo de onda reproduce un holograma magnético que es réplica del átomo emisor. Estas características espectaculares le confieren al fotón la particularidad de actuar como partícula y onda al mismo tiempo. Un comportamiento cuántico alucinante que te descubriré en el siguiente capítulo *El fotón y sus características.*

Experimento casero de la emisión helicoidal

Este experimento puede sorprender a científicos y extraños, pero ratifica algunos aspectos de mis propuestas acerca del magnetismo y su transmisión.

He leído mucha bibliografía sobre el magnetismo en distintos idiomas, pero nunca encontré ningún estudio que explicara cómo se propaga una onda magnética —radiofrecuencia— y cuál es su mecánica. En el capítulo *El magnetismo II* te cuento de forma muy sencilla estos conceptos con todos sus misterios.

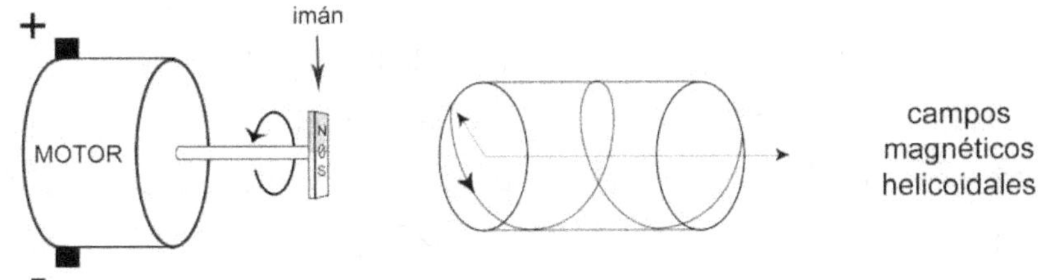

emisión de ondas de R.F. helicoidales multipolarizadas

Ahora te propongo un experimento práctico que respalda mis argumentos. Vamos a transmitir unas ondas de campos magnéticos —mal llamadas ondas electromagnéticas—.

Además, lo vamos a realizar con polarización helicoidal tal como lo genera el átomo.

El experimento es muy sencillo y lo puedes construir en casa. El único instrumento que necesitarás es un osciloscopio.

Primero localiza un imán longitudinal, no importa la medida, aunque cuanto más pequeño, será mejor. No obstante, si es muy corto no podrás manipularlo bien. La única característica especial que debe tener el imán es que las diferentes polaridades opuestas estén en los extremos y no en las superficies longitudinales. Ver ilustración.

Luego, necesitas un motor eléctrico que gire lo más rápido posible. Un pequeño motor de 12 voltios te podrá ofrecer unas 20 000 rpm, que equivalen a unas 300 vueltas por segundo. Este tipo de motor te podrá servir. Ahora debes ingeniártelas para sujetar el imán por el medio, como si fueran las aspas de un ventilador. Un lado será el polo norte del imán y la otra el sur.

Cuando el motor está parado, el imán emite un campo magnético constante con una velocidad instantánea y un alcance finito. Es decir, como te he explicado en capítulos anteriores, si te llevas el imán de un lugar a otro, el campo magnético te seguirá. Por tanto, no ocurrirá nada especial.

Ahora pones en marcha el motor que, según nuestro diseño, girará a unas 300 vueltas por segundo. En ese momento no observarás nada especial, pero estará ocurriendo algo espectacular. Los campos magnéticos se irán alternando a una velocidad de 300 veces por segundo. Todos esos campos magnéticos alternos se irán adhiriendo a los anteriores con polaridad opuesta. Y así sucesivamente hasta que detengas el motor.

¿Sabes qué has conseguido? Has creado una onda de radiofrecuencia de 300 ciclos por segundo. ¿Te imaginas dónde se encuentra esa onda en este momento? Muy sencillo, calcula 300 000 km por los segundos que han pasado desde que paraste el motor.

¿Te gustaría ver la onda que has generado? Fabrica un solenoide con muchas vueltas de hilo de cobre esmaltado sobre una ferrita y conecta en sus extremos un osciloscopio en una escala de frecuencia baja. Por último, sitúa la bobina a un metro de distancia del motor.

Lo más eficiente, y te lo comento solo como curiosidad, sería diseñar una bobina resonante a 300 Hz. No obstante, esto resulta muy complicado al ser una frecuencia tan baja. Imagina, para construir la bobina necesitarías hilo de Litz de 1 mm. Además, deberías enrollar 1000 vueltas en nido de abeja y soldar un condensador de unos 900 KpF en paralelo. Con esto tendrías un circuito resonante LC a esta frecuencia. Pero como no necesitas captar la señal a medio kilómetro, no te hace falta esta precisión.

Aclarado este punto, volvamos a lo trascendente. La frecuencia que visualizas en el osciloscopio es una onda helicoidal, similar a las que emiten los átomos, pero a la frecuencia ridícula de 300 Hz. Ahora esa onda, si no encuentra en su camino ningún elemento que resuene a esa frecuencia y la absorba, viajará más allá de los confines del universo rebotando entre asteroides y astros por toda la eternidad.

En definitiva, este experimento demuestra que mi visión sobre los campos magnéticos es certera. Por cierto, si un día el ser humano consigue diseñar un equipo como este, de tamaño muy pequeño y capaz de oscilar a la frecuencia de la luz, ese día el hombre —las mujeres no hacen estas maldades— tendrá entre sus manos un emisor de fotones gigantesco capaz de muchas cosas, pero sobre todo malas. Muy malas.

El fotón y sus características

El fotón es uno de los elementos cuánticos que trae de cabeza a toda la comunidad científica. El motivo es su misterioso comportamiento dual al actuar de forma simultánea como partícula y onda.

Una de las explicaciones que nos ofrece la ciencia es la siguiente: «Los fotones son emitidos por muchos procesos naturales, como cuando las partículas cargadas se ralentizan, durante una transición molecular, atómica o nuclear a un nivel de energía más bajo, o cuando se aniquila una partícula con su antipartícula».

¿Has entendido algo de todo esto? Tranqui, yo tampoco. En ocasiones, cuando alguien es incapaz de explicar un fenómeno de forma sencilla, se marca un postureo vacilando al personal o simplemente es que no tiene ni puñetera idea.

¡¿Y si la comprensión del fotón fuera más fácil que todo esto?!

A pesar de las interpretaciones que ofrece la ciencia, el dilema persiste. ¿Cómo es posible la dualidad del fotón? En cambio, mi cuestión era distinta: ¿de dónde sale fotón? ¿Se genera de la nada? ¿Aparece por generación espontánea? Es evidente que mis preguntas eran absurdas, ya que nada, exceptuando la estupidez, se genera de forma repentina.

Pronto comprenderás que mi percepción de los campos magnéticos de los átomos te ofrecerá una explicación para todas estas cuestiones. Además, las propiedades duales del fotón dejarán de ser un enigma para ti.

Si de nuevo analizas mi modelo atómico, recordarás que un átomo, al margen de sus partículas, es semejante a una esfera magnética con un hemisferio norte y el otro sur. Un patrón similar a la Tierra. Esta casualidad no te debe extrañar. Recuerda que te mencioné en algunos capítulos que la naturaleza no es muy creativa y tiende a repetir modelos que funcionan, como las proporciones áureas y los fractales entre otros.

Pues bien, cuando la esfera magnética del átomo gira en su rotación vertical, emite unas ondas magnéticas. Dependiendo de la velocidad rotacional, o frecuencia, las percibimos en forma de calor, luz, o ni siquiera las detectamos si están fuera de nuestro rango sensorial como los rayos X o ultravioleta, ---entre otros.

Recuerda el capítulo *Ondas electromagnéticas*. Ahí te explico con detalle las diferentes polarizaciones en la emisión de ondas magnéticas: vertical, horizontal y helicoidal. Pues bien, los campos magnéticos del átomo emiten ondas magnéticas helicoidales, es decir, en un ciclo de frecuencia emiten ondas polarizadas en los 360 grados de un círculo.

Si has logrado representar en tu mente un solo ciclo de cualquier frecuencia atómica, habrás percibido que es una esfera magnética. Justo es una réplica del átomo emisor, pero sin partículas subatómicas. Por lo tanto, carece de masa.

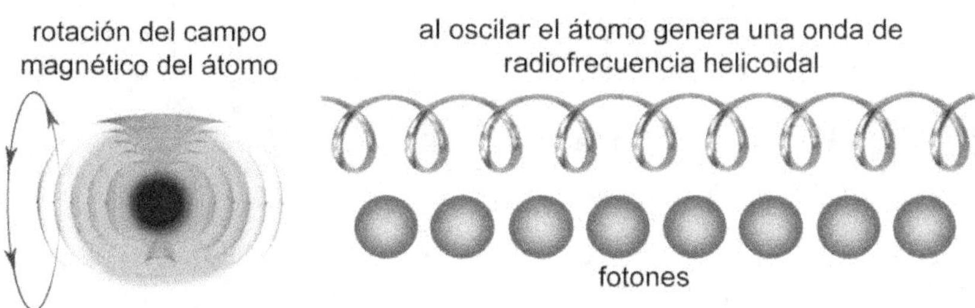

cada ciclo de una onda helicoidal genera una forma magnética similar al átomo sin masa llamado fotón

Hasta ahora, ningún enfoque empírico que he analizado ha cuestionado mi arquitectura atómica. De hecho, si te colocas unas gafas polarizadas sin importar el grado de polarización, comprobarás que ves todos los objetos perfectos. Esto es una evidencia de que el átomo emite una onda multipolarizada.

Por otra parte, debo señalarte que mi diseño atómico ofrece una explicación sólida sobre el efecto de Thomas Young y la interferencia de la luz. Como ya te he mencionado, aunque el fotón posee una estructura de partícula, ya que es una réplica del átomo emisor, solo es una onda multipolarizada.

El efecto de interferencia de Thomas Young tiene otra explicación: cuando dos ondas convergen en el mismo sentido coincidiendo su frecuencia y fase, se suman. Por el contrario, cuando coinciden en contrafase, se anulan. De ahí las famosas franjas blancas y negras de la interferencia de la luz.

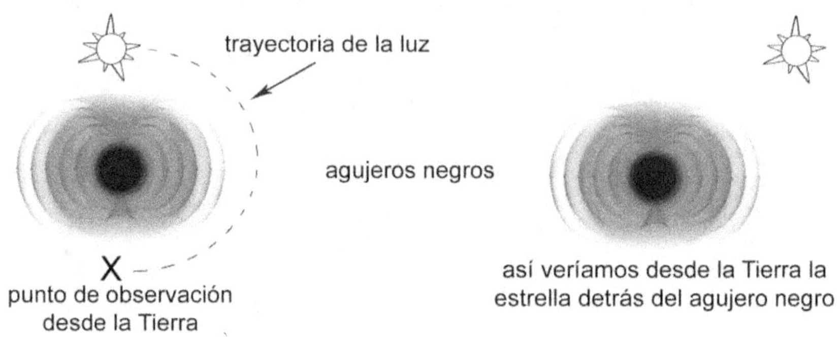

la luz esquiva la gravedad de los agujeros negros

En resumen, el fotón es un holograma magnético fiel reflejo del átomo emisor y por lo tanto, no tiene masa. Precisamente debido a esta particularidad, la gravedad no ejerce ninguna atracción sobre la luz. Al contrario, las ondas magnéticas —la luz—, esquivan sin problemas cualquier campo gravitacional modificando su trayectoria.

Justo por esta característica, no comprendo cómo muchos científicos afirman que el poder gravitacional de los agujeros negros es tan grande que incluso engullen la luz. Desde mi punto de vista, es un error inexplicable que te desarrollo con más detalle en el capítulo *Los agujeros negros*.

Y por último una cuestión que considero relevante y que deseo compartir contigo. La ciencia habla mucho de los fotones relacionándolos siempre con la luz, pero ¿qué pasa con las demás ondas que no son visibles?, ¿tienen fotones?

Efectivamente, todas las ondas producidas por los campos magnéticos de los átomos son de polarización helicoidal y por tanto, poseen fotones, desde las AUHF — Atomic Ultra High Frequency—, como los rayos X hasta las frecuencias atómicas más bajas en tornos a los microondas.

Ahora ya conoces el secreto sobre el comportamiento del fotón como partícula a pesar de no tener masa.

Coffee break

Creo que ya toca un receso. Son demasiados conceptos los que hemos trastocado y debemos desahogar un rato las neuronas para relajarlas.

Soy consciente que muchos estirados han dejado de leerme hace más de tres capítulos porque, según la escuela de lo correctamente establecido, no puedo entrar a saco con el tema cuántico con el fin de desmontarlo para construirlo a mi gusto. ¿O sí?

En ocasiones debemos aprender a desaprender para poder aprender. Este juego de palabras encierra la clave de cómo funcionan las mentes libres de los intuitivos y de los imaginativos.

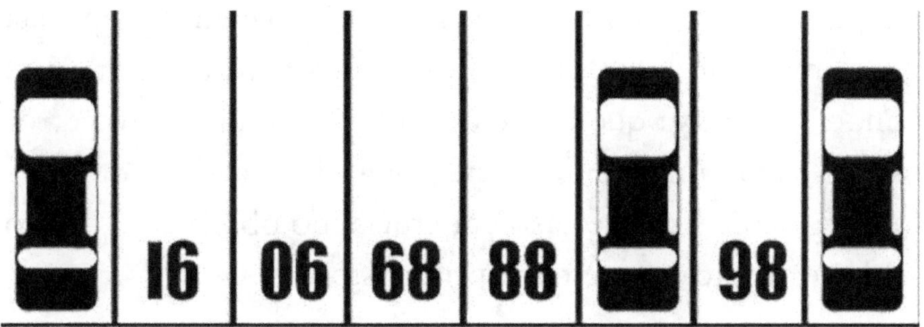

¿cuál es el número de parking de los coches aparcados?

Dado que estamos «cafeteando», te propongo realizar este conocido juego de inteligencia. Es muy sencillo. Observa que en el dibujo hay tres coches estacionados. Debes descubrir en qué números se encuentran aparcados.

Es evidente que los superequipados cerebralmente lo averiguan enseguida. No obstante, hay un sector de la población que, sin estar muy dotado, también lo descubre con celeridad, son los niños. ¿Por qué? Sencillo, ambos tienen la habilidad de desaprender rápido ya que no siguen las pautas establecidas. En cambio, los que somos cerebralmente normalitos solemos analizar los hechos tal como nos los presentan. Tenemos demasiados vicios adquiridos siendo incapaces de darle la vuelta al dibujo.

Es probable que en este momento conozcas en qué números se encuentran los coches aparcados porque te lo acabo de descubrir.

En un capítulo anterior te insistí sobre la importancia que tiene el punto de referencia, un aspecto que a menudo descuidamos.

Cuestionar la corriente oficial respecto a cualquier propuesta no es malo, al contrario, es lo que nos hace avanzar en el conocimiento, ya que el método heurístico de ensayo error es lo que finalmente determina la validez de una investigación. En este caso era crucial no observar el dibujo con la orientación que te he propuesto.

Los jóvenes científicos son, por naturaleza, menos dogmáticos porque no tienen ideas enquistadas y están abiertos a nuevas experiencias. Por contra, con la edad nos volvemos doctrinales e indiscutibles, olvidando que el primer precepto de la ciencia es la búsqueda de la verdad. El progreso de las ideas se nutre de lo que llamamos intuición.

Las corrientes oficiales están siempre apoyadas por las mayorías, pero la experiencia y la historia demuestran que, en muchas ocasiones, las mayorías se equivocan. Lo observamos a menudo en las elecciones políticas, en temas ecológicos, económicos, en aspectos religiosos, y por supuesto en ciencia.

A pesar de las creencias de las mayorías, la Tierra dejó de ser plana o el centro del universo porque algunos valientes cuestionaron las corrientes oficiales. Como podrás comprobar en la actualidad, poco o nada ha cambiado en la sociedad.

Quizá por ello estamos tan obsesionados hoy en día con la inteligencia artificial, porque la natural sigue escaseando.

Heterodinaje de las ondas de radiofrecuencia

Este capítulo puede parecer un poco aburrido y fuera de contexto. Que no te engañe el título, te aseguro que es bastante fácil de comprender y es esencial para entender algunos efectos de la luz. En contrapartida, descubrirás muchos enigmas que la ciencia no ha logrado explicar, como la formación de las auroras boreales y por qué las podemos ver.

El heterodinaje es un método antiguo desarrollado por Reginald Fessenden en 1907. De hecho, nada nuevo. Debes de saber que en la actualidad se sigue utilizando en todas las formas de comunicación de radiofrecuencia, desde la radio hasta la televisión.

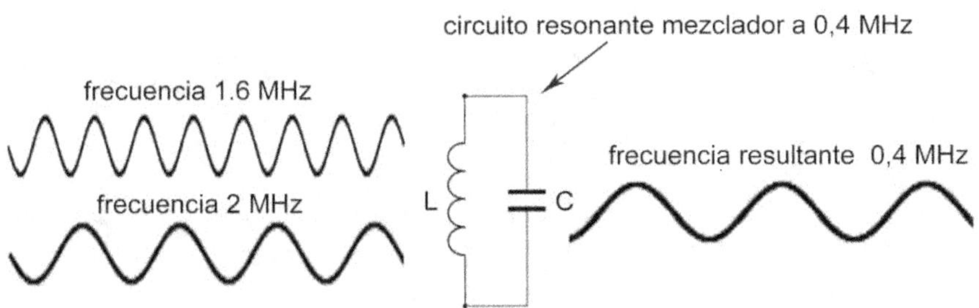

el heterodinaje explica cómo al mezclar 2 ondas de frecuencias distintas generan otra onda resultante de menor frecuencia

El principio del heterodinaje es muy sencillo, consiste en mezclar dos frecuencias diferentes, llamémoslas f1 y f2, para obtener una tercera frecuencia distinta. Si sumamos f1 + f2 en un elemento mezclador, conseguimos f1. Sin embargo, también disponemos de f2. Pero eso no es todo, ¡aquí viene lo interesante!: además obtenemos la diferencia entre ambas frecuencias, f1–f2. Esto es lo más importante, al restar estas dos frecuencias podemos disponer de una frecuencia más baja. Fácil de entender, ¿verdad?

Toma nota porque este concepto es fundamental para comprender un poco más la física de la luz. En el capítulo *Las auroras boreales* te revelo este apasionante tema al ofrecerte una explicación de por qué estas luces celestiales se hacen visibles y, gracias a este apartado del heterodinaje, comprenderás cómo y por qué se producen.

Los colores

Si eres observador, es posible que hayas descubierto una de mis grandes pasiones: las bellas artes. En especial pintar al óleo. Pero no te preocupes, si no te has dado cuenta, la mayoría de las personas que leerán este libro tampoco lo percibirán. En ocasiones tenemos la información entre las manos y no la vemos, es por eso que en nuestros diferentes análisis no siempre llegamos todos a las mismas conclusiones.

¿Y por qué te cuento esto? Cada vez que mezclo colores al óleo, mi mente se desvía hacia los campos magnéticos de las moléculas y cómo, al mezclar los colores con la espátula, logro que las moléculas de los pigmentos oscilen a una frecuencia distinta ofreciendo tonalidades diferentes.

En principio debes saber que existen dos métodos para mezclar colores: aditiva y sustractiva. Ambas técnicas se realizan en diferentes contextos y obtienes resultados distintos.

La mezcla aditiva de colores. Este método se utiliza para combinar colores de fuentes luminosas, es decir, emisores de ondas de frecuencias magnéticas como las pantallas de televisión, los monitores de ordenador o el propio smartphone que tienes junto a ti. En la mezcla aditiva se combinan colores primarios de la luz: rojo, verde y azul —RGB—. Combinándolos se puede crear toda la gama cromática.

Esto lo puedes observar con una pequeña lupa en la pantalla del televisor. Cuando los tres píxeles rojo, verde y azul emiten luminosidad, al distanciarte un par de centímetros los percibes como una luz blanca. Esto demuestra que está compuesta con toda la gama de frecuencias visibles; desde la frecuencia más baja, el rojo, hasta el azul, la más alta.

En cambio, la mezcla sustractiva se produce al combinar pigmentos como el óleo o tintas. En este caso, se unen pigmentos de colores primarios: azul celeste o cian, color fresa o magenta y amarillo. Al mezclar estos tres colores podemos obtener una amplia gama cromática excepto el color blanco.

Supongo que te puede resultar confuso no entender por qué la mezcla de todos los colores no produce blanco, sino negro. No te preocupes, la ciencia tampoco lo tiene muy claro, pero tú estás a punto de descubrirlo.

Cuando mezclamos pigmentos o pinturas, en realidad estamos modificando el tamaño de las moléculas y, por ende, el tamaño de su campo magnético, lo que las hace oscilar a una frecuencia distinta cuando se exponen a la luz.

Como te mencioné antes, los átomos poseen un campo magnético alrededor similar a la Tierra, y cuando oscilan emiten ondas magnéticas alternas norte-sur. Recuerda que esta es la base de mi trabajo.

También te apunté con anterioridad que, cuando unimos dos átomos para formar una molécula, ambos pierden sus características individuales comportándose como un solo elemento y con un campo magnético único. Por lógica, al unir dos moléculas, este campo magnético será de mayor tamaño y es evidente que oscilará a frecuencias más bajas cercanas al negro.

En conclusión, al mezclar pintura roja, verde y azul, lo que estamos haciendo es modificar el tamaño de los campos magnéticos de las moléculas y su frecuencia de resonancia. Por lo tanto, cuando estas moléculas son expuestas a luz blanca, serán capaces de oscilar a frecuencias más bajas, creando colores más oscuros, pero nunca podrán oscilar a una frecuencia superior y mucho menos a la frecuencia del blanco, que es la suma de todos los colores.

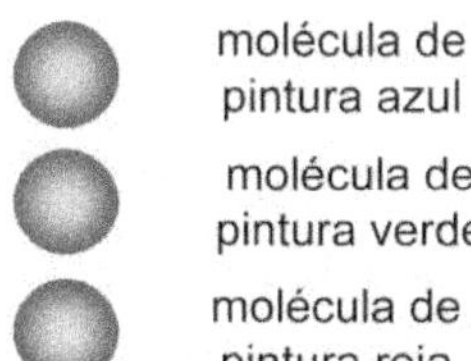

mezcla aditiva: si aproximas 3 átomos, píxeles o puntitos de pintura con los colores azul, verde y rojo, lo percibirás de color blanco

mezcla sustractiva

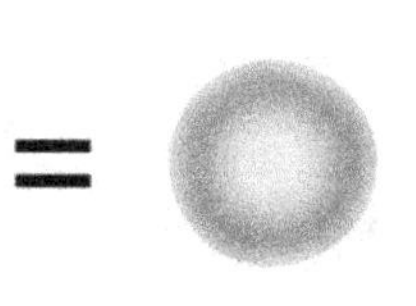

molécula de pintura azul

molécula de pintura verde

molécula de pintura roja

al mezclar varias moléculas, siempre aumentamos el tamaño del campo magnético reduciendo su frecuencia de resonancia, por tanto se obtiene siempre un color más oscuro

Si te preguntas cómo se hace una pintura blanca, la respuesta es sencilla. Cuando observas una pared blanca lo que en realidad estás viendo son distintas moléculas. Unas resuenan a la frecuencia del rojo, otras al verde y al azul, pero todas en proporciones similares. Si el porcentaje de la mezcla se descompensa, entonces es cuando observamos un blanco azulado, rojizo, etc.

Si ya tienes clara toda mi exposición, te voy a marear un poquito más. Tranqui, con ello consolidarás más mi visión sobre los colores.

Se sabe que con los colores de óleo rojo, verde y azul nunca podrás obtener el color blanco. Aunque esto no es del todo cierto, te voy a explicar cómo puedes conseguirlo de forma «sencilla». Llena el lienzo de puntos microscópicos y equidistantes de color rojo. Junto a ellos, pinta puntitos de color verde. Y haz lo mismo con el azul. Te habrá quedado un lienzo uniforme con los tres puntos de colores, pues bien, si te alejas lo suficiente, verás el lienzo de color blanco.

La explicación es muy sencilla, has mezclado los tres colores sin modificar los tamaños de sus campos magnéticos.

Sobre este experimento no existen referencias publicadas, no obstante, creo que es muy interesante para comprender la física de los colores.

Y ya que estamos con un tema tan colorido, vamos a echar un poco de leña al fuego para iluminarlo más. Cada color posee una longitud de onda específica, lo cual significa que tiene una frecuencia particular dentro del espectro de radiofrecuencia. La ciencia ya conoce esto, pero hay algunas particularidades que aún desconoce como las diferentes gamas de negro que existen y otros aspectos curiosos que te voy a contar.

Empecemos por el maltratado al negro y te prometo que esto no va de xenofobia. La ciencia considera al blanco como un color, mientras que el negro lo define como la ausencia de color. Sin embargo, desde mi análisis esto es al revés. El blanco no es un color, sino muchos colores. Por el contrario, el negro agrupa multitud de frecuencias imposibles de percibir por el ojo humano, por lo tanto, las vemos todas de color negro. De hecho, el color negro tiene una amplia gama de tonalidades que incluso supera al espectro de las frecuencias visibles. El que no podamos verlas, no significa que no existan. Tampoco vemos los rayos X, y ahí están.

Ahora vayamos por partes y aclaremos algunos conceptos. Existen dos tipos de color negro. Uno de ellos es cuando no hay ondas magnéticas alternas, lo que significa que no hay luz y por eso vemos los objetos como negros. Por ejemplo, en una habitación completamente oscura, todos los objetos parecerán negros, aunque sabemos que no lo son.

En cambio, también existen los colores negros que vemos cuando les llega la luz. Digo «colores» en plural, porque como ya te he comentado, la gama de frecuencias que abarca el color negro es muy amplia. Sin embargo, no son visibles para el ojo humano por lo que los percibimos como negros. Estos colores negros se encuentran en la gama de frecuencias más bajas que el rojo, es decir, tienen longitudes de onda más largas y se agrupan en la categoría de infrarrojos. Aunque nosotros no los podemos ver, ciertos animales como las aves, sí pueden percibirlos. Te detallo esta particularidad en el capítulo de La orientación migratoria de las aves.

La diferencia entre un objeto negro en la oscuridad y uno iluminado radica en la actividad de sus campos magnéticos. Mientras que los átomos de un objeto negro en la oscuridad están fríos, los objetos negros que reciben luz solar están calientes. Los dos objetos los vemos negros, pero es evidente que existe una diferencia sustancial.

El Sol emite una amplia gama de frecuencias, desde las invisibles por encima del color azul, como los rayos X y los ultravioleta, hasta frecuencias por debajo de las ondas visibles conocidas como infrarrojas, que las percibimos visualmente como negras. Sin embargo, su actividad atómica se hace evidente cuando exponemos un objeto negro a la luz solar y percibimos que se calienta.

Todo este espectro de infrarrojos llega a nuestro cerebro para ser detectado, pero en lugar de llegar a través de los ojos, lo percibimos a través del sistema nervioso de la piel como calor.

El mecanismo atómico de los infrarrojos es similar al de la luz visible. Si las ondas provenientes de una fuente impactan con una molécula, cuyo campo magnético puede resonar a esa misma frecuencia, esta molécula receptora emite una réplica similar. Nuestra piel tiene células con moléculas capaces de resonar a esas frecuencias, que son las encargadas de transmitir la información a través del sistema nervioso a nuestro cerebro para su procesamiento.

Relación tamaño frecuencia

Este es uno de los aspectos que pueden avalar mi trabajo de los campos magnéticos del átomo. Como te he contado en varias ocasiones a lo largo del libro, el campo magnético atómico cubre todo el espacio existente entre el núcleo y las distintas capas de electrones. En consecuencia, cuanto mayor sea el átomo o la molécula, mayor será su campo magnético. Esta característica determina en gran medida la frecuencia de resonancia del átomo.

Este análisis te lo puedo resumir de la siguiente manera: el tamaño de un átomo es inversamente proporcional a la longitud de onda de oscilación. Te lo aclaro un poco más para que no te líes: un átomo pequeño puede resonar a frecuencias muy altas, en cambio un átomo grande resuena a frecuencias bajas.

Para profundizar un poco más, te diré que todos los elementos poseen una frecuencia de corte. Esto significa que a partir de una frecuencia determinada ya no pueden resonar. Esta frecuencia de corte viene sobre todo definida por el tamaño del campo magnético del elemento.

Como puedes observar, mi modelo atómico va encajando perfectamente para iluminar algunos aspectos oscuros de la ciencia.

Ya ves que los colores son fascinantes y tienen muchas particularidades. Aunque la ciencia aún tiene mucho que decir, espero que mi exposición te haya ayudado a comprender un poco más mi punto de vista sobre el blanco, el negro y las diferentes gamas de colores que vemos. Y las que no vemos.

La descomposición de la luz blanca

No cabe duda que es un tema apasionante con cierto halo mágico que ha maravillado a la humanidad a lo largo de la historia. El arco iris sigue fascinando a todo el mundo.

En el capítulo Campos magnéticos del átomo, te adelanté qué es la «sentidilidad»; un término que he tenido que crear puesto que no existe nada que lo defina. Se trata de una particularidad que describe la dirección en la que los átomos emiten ondas magnéticas. Una característica esencial para comprender muchos fenómenos relacionados con la luz. En otras palabras, nos indica en qué sentido emiten los átomos las ondas magnéticas. Esta peculiaridad nunca descrita antes, explica la refracción y descomposición que sufre la luz blanca al atravesar un prisma triangular.

Hasta este momento, todas las explicaciones que se han ofrecido sobre estos fenómenos han sido con trampas en el solitario. Supongo que la comunidad científica las ha aceptado porque no había una propuesta mejor. Hasta hoy.

Comenzaré este capítulo desenterrando ciertos conceptos erróneos. Algunas de las explicaciones sugieren que la luz blanca se descompone al atravesar un prisma triangular por la diferencia de velocidad de los distintos colores o frecuencias en ese medio. Esto no es correcto. Todas las ondas magnéticas, incluyendo la luz, se desplazan a la misma velocidad en el mismo medio.

Cuando introducimos un palo en una piscina con un ángulo determinado, lo observamos doblado. La refracción existe, sin duda. Sin embargo, este efecto no está relacionado con un cambio en la velocidad de la luz. Si los distintos colores se desplazaran a diferentes velocidades en el agua, veríamos los colores del palo separados.

Además, para que la refracción se aprecie, es necesario meter el palo en el agua con un cierto ángulo de inclinación. Si se introduce perpendicular, no existe la refracción. Esto da que pensar, aunque deduzco que no todo el mundo llega a la misma conclusión.

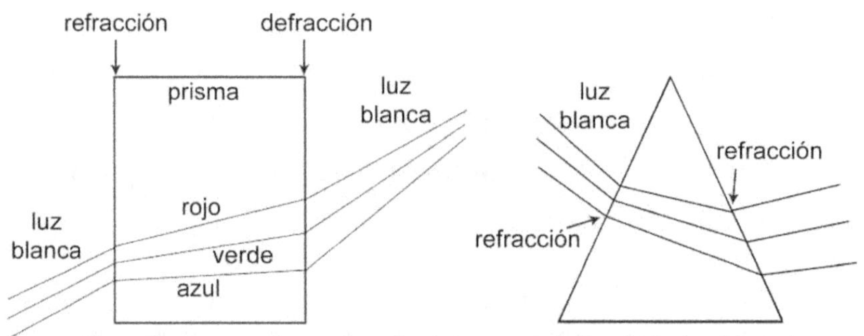

refracción hace referencia a la descomposición de la luz blanca
defracción hace referencia a la recomposición de la luz blanca

Otro aspecto importante que te quiero plantear es por qué la luz no se descompone al atravesar un prisma rectangular. Si la ciencia sostiene que la luz se descompone al atravesar otro medio diferente, deberíamos observar este fenómeno en un prisma rectangular. Del mismo modo, se debería descomponer la luz blanca de las estrellas al atravesar un medio como la atmósfera, ¿verdad?

No te preocupes, aplicando mi ensayo sobre los campos magnéticos del átomo, encontrarás respuestas en todas estas cuestiones.

La clave reside en la direccionalidad de emisión de los campos magnéticos del átomo. Un átomo o molécula libre e independiente, como el aire, puede emitir sus campos magnéticos en cualquier dirección y sentido. En su proximidad no se encuentra ningún átomo que condicione su orientación magnética. En contrapartida, en el agua y en mayor medida en el cristal o plástico, los átomos se encuentran más cerca entre sí y todos se influyen para determinar la dirección de las ondas de radiofrecuencia. En la ilustración lo puedes apreciar de forma muy explícita.

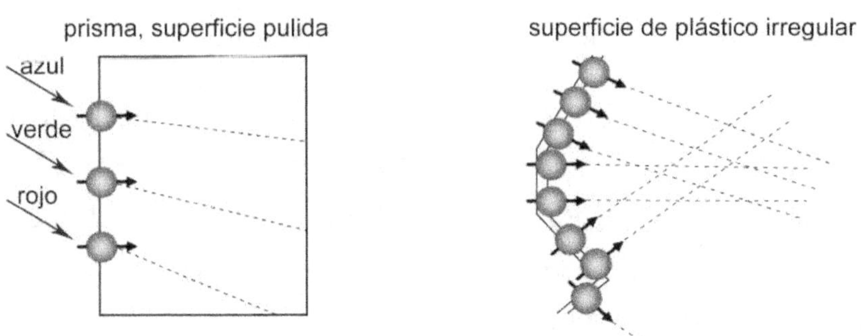

«sentidilidad» de las ondas al introducirse en otro medio

Materiales traslúcidos y trasparentes

La primera capa de átomos de cualquier material condiciona la dirección de las ondas que atraviesan ese medio. Si rayamos de forma aleatoria la superficie exterior de un plástico, este dispersará la luz de forma desordenada. Los átomos en la capa superficial que reciba las ondas de luz, emitirán las ondas en diversas direcciones en función de su posición. Hemos logrado un plástico traslúcido.

En cambio, si pulimos con precisión la superficie de un plástico, habremos alineado todos los átomos obligándolos a mantener una «sentidilidad» —sentido— de emisión. Esto nos permite transmitir una imagen nítida y fiel a la original a través del plástico.

Refracción y direccionalidad de las ondas

Enviamos un haz de luz blanca perpendicular a un prisma rectangular de vidrio o plástico transparente. Observa que la luz lo atraviesa sin ninguna dificultad; las ondas luminosas llegan a los átomos justo en la dirección en la que se encuentran posicionados para emitir. La ilustración anterior te ayudará a comprender mejor mi exposición.

Ahora enviamos ese haz de luz blanca en un ángulo agudo. Aquí encontramos un problema: los átomos están alineados en una dirección distinta al que reciben las ondas. Por lógica, cualquier molécula libre no ofrece problemas; gira y se adapta a la nueva dirección, pero en el plástico o vidrio su comportamiento es distinto. Aquí, la dirección de los átomos depende de sus compañeros del medio, y hacer girar al átomo es una tarea ardua. Por ejemplo, la luz azul consigue girar un poco la direccionalidad del primer átomo con el que tropieza en el prisma de plástico. Analiza las ilustraciones anteriores. En cambio, las frecuencias bajas como el rojo, consiguen mayores logros para modificar la dirección, aproximadamente un 33 %.

Creo que, en este momento con ayuda de las ilustraciones, ya estás comprendiendo por qué la luz blanca se descompone en un vidrio o plástico y por qué cada color toma una trayectoria distinta.

Sin embargo, intuyo que aún no tienes claro por qué este fenómeno no se aprecia en un prisma rectangular. Es muy sencillo: los dos lados del prisma, por donde entra y sale la luz, están en paralelo. Pues bien, esta aberración que sufre la luz al introducirse en un vidrio se llama «refracción». No obstante, cuando la luz descompuesta llega al otro lado paralelo del prisma, se produce el mismo efecto en sentido inverso al salir del prisma; los colores se agrupan de nuevo en luz blanca. A este efecto le he denominado «defracción». Este es el motivo por el cual no se aprecia la descomposición de la luz blanca al atravesar un prisma rectangular. Puedes observar estos fenómenos en las ilustraciones anteriores.

Precisamente la particularidad de un prisma triangular, al no tener los dos lados paralelos por donde entra y sale el haz de luz, es lo que evita que la luz se recomponga y continúen los diferentes colores separados.

Estoy convencido de que estos conceptos también ayudarán a resolver muchas incógnitas en el estudio de las ópticas.

Cada vez que te mires en un espejo, recuerda que tu imagen se refracta —se descompone— al atravesar el vidrio, y al ser devuelta tu imagen de retorno a tus ojos, sufre el efecto contrario volviéndose a «defractar» —recomponer—.

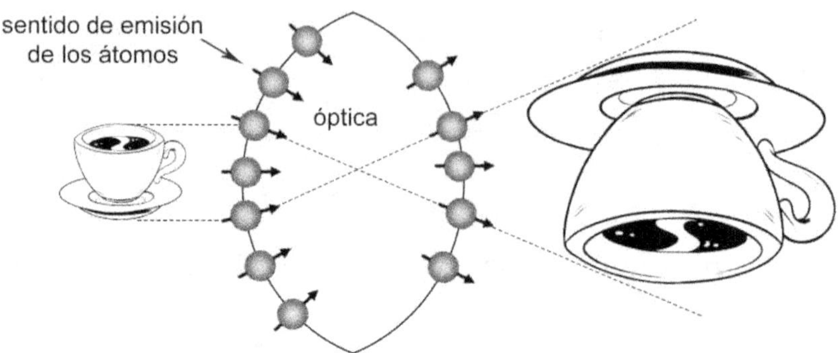

explicación de física de las ópticas gracias a la «sentidilidad»

Espero que estos dos conceptos nuevos, la defracción y la sentidilidad, ayuden a comprender mejor la física de las ópticas y los fenómenos que sufre la luz en los distintos medios. Deseo que estos dos palabros defractar* y sentidilidad* los incorpore pronto la RAE.

* Defracción — Recomposición de todos los colores en luz blanca. Efecto inverso a la refracción.

* Sentidilidad — Sentido con el que emiten los campos magnéticos del átomo.

El frio y el calor

Para introducirnos en esta cuestión tan interesante, primeros sería bueno recordar qué dice la ciencia sobre el calor. Así lo define «da Wiki»: Se denomina calor a la energía en tránsito que se reconoce solo cuando se cruza la frontera de un sistema termodinámico.

Por su parte, la IA de ChatGPT lo explica de esta manera: El calor se refiere a la transferencia de energía térmica debido a una diferencia de temperatura entre dos sistemas, y no es una sustancia en sí misma, sino una manifestación de energía en movimiento.

Sobre el frío, encuentro esta explicación de Columbia Daily Tribune bastante representativa de la comunidad científica: La temperatura es una medida de cuánta energía tienen las partículas de un objeto en particular. Un objeto con mayor temperatura tiene partículas con más energía que un objeto con menor temperatura. No existe el frío porque en realidad el frío es solo una ausencia de calor o energía.

No sé tú, pero con estas explicaciones yo me he quedado igual. O peor. Parece que lo único certero que nos dice la ciencia es que el frío no existe, es tan solo la ausencia de calor. ¡Claro, y el calor es la ausencia del frío!

No te engañes, coge toda esta información con pinzas, porque quizá lo único que existe en realidad de forma natural es el frío. Te lo voy a razonar.

Antes de la gran explosión, cuando no había nada, el frío y la oscuridad ya estaban presentes, pero llego el Big Bang para calentar el ambiente.

Mi enfoque es muy sencillo de imaginar; si consiguiéramos cesar toda la actividad atómica del universo lo único que encontraríamos sería oscuridad y frío: $-273.15\ °C$.

Por todo ello, en este capítulo te quiero comentar sobre estos dos estados tan extremos y de paso, calentar un poco las neuronas de los estirados.

La realidad es que hablar de frío y calor es introducirse un poco en temas filosóficos; dos términos que son muy cotidianos con interpretaciones confusas. Estoy convencido de que, siguiendo el hilo de mi trabajo de los campos magnéticos de los átomos, encontrarás muchas respuestas válidas.

Imagina por un momento que apagamos el Sol, incluso más, extinguimos la Vía Láctea con todos sus astros, ¿qué obtendríamos? Un espacio frío y oscuro. Por lo tanto, no es posible sostener que el frío o la oscuridad no existen por el hecho de que no podamos medir estas magnitudes.

Cuando afirmamos que -100 °C es una temperatura demasiado fría, en realidad estamos midiendo la cantidad de calor.

Todo esto que te he contado tiene una estrecha relación con la luz y por consiguiente con mi enfoque del magnetismo atómico, ya que la luz y el calor se generan mediante la misma mecánica cuántica. Recuerda, son ondas de campos magnéticos alternos emitidas por los átomos que, dependiendo de su frecuencia, lo percibiremos como calor o luz.

Los fotones del calor

La ciencia siempre que habla de los fotones lo hace con referencia a la luz, pues bien, este enfoque viciado de los científicos lo deberán cambiar a partir de mi teoría ya que cualquier onda emitida por los átomos generan fotones por ser una consecuencia de la emisión de ondas helicoidales. En consecuencia, el calor también emite fotones. ¡Ya me veo a los estirados flipando en infrarrojos!

Después de tanta información trascendente, te voy a relajar un poquito. Permíteme contarte una breve historia que, aunque pienso que es una leyenda urbana divulgada con unos intereses religiosos específicos, creo que es válida para filosofar sobre un punto de vista distinto al mío. Además, se supone que el prota de la historia es un personaje muy conocido, un detalle importante para convencer subliminalmente de su veracidad.

Alrededor de 1900, un profesor universitario planteó la siguiente pregunta a sus alumnos: «¿Dios fue el creador de todo lo que existe?»

Enseguida, un estudiante contestó: «Sí señor, lo hizo». El profesor, dirigiéndose a él, le preguntó: «Entonces, ¿Dios creó el mal?, por lo tanto, es malvado».

El estudiante quedó dubitativo sin saber qué responder. En ese momento otro joven estudiante, desconocido por aquel entonces, se dirigió al profesor haciéndole una pregunta: «Señor, ¿el frío existe?» El profesor sin vacilar respondió: «Por supuesto que existe o, ¿es que usted jamás ha tenido frío?»

El joven, que por lo visto venía con la lección aprendida de casa, contestó: «Señor, el frío no existe, lo que consideramos frío es tan solo la ausencia del calor. Según la física, todo cuerpo o fenómeno existe si emite energía y se puede estudiar».
Ese joven estudiante era Albert Einstein.

A pesar de que Einstein fue un genio, lo cierto es que las genialidades suelen surgir de entre amasijos de ideas desechables. Lo podemos comprobar en el arte, literatura, y en todas las áreas. Por supuesto, la ciencia no es una excepción.

Considero que no es necesario enredarse con tecnicismos y conceptos surrealistas para ofrecer una explicación coherente.

Mi propuesta es simple: El calor es la consecuencia de la interacción de los campos magnéticos de los átomos entre sí. En ausencia de esta actividad solo encontramos frío y oscuridad.

Cesar por completo cualquier actividad atómica es complicado. Imagina un solo átomo, solitario y aislado en el espacio sin recibir ninguna frecuencia magnética; estará inmóvil y frío a -273.15 °C. Pero fíjate qué curioso, por el hecho de acercarnos para medirlo recibirá energía de nuestros átomos y será imposible verificar su cero absoluto.

Recuerda cuántas veces te he comentado estos conceptos que sirven para comprender muchos aspectos del microuniverso: cuando aproximamos dos átomos, sus campos magnéticos comienzan a interactuar buscando la correcta polaridad magnética N-S. Si los acercamos aún más, aumenta su actividad incrementando su volumen magnético, lo que provoca una reacción lógica: tienden a separarse. Pero si los obligamos a estar cerca, la temperatura aumentará; y si continuamos aproximándolos con una fuerza brutal, subirá más y más la temperatura hasta que los dos átomos se fusionen.

En el microcosmos de los átomos todo sucede de la misma manera, las ondas magnéticas son las responsables «del todo»: frío, calor, luz y oscuridad. Es como si no existiera nada más en nuestro mundo que las ondas magnéticas. Y quizás sea así.

Y para que le des más vueltas al tarro, te voy a enriquecer con otro punto de vista. Imagina que somos como dioses y vamos a recrear una maqueta con el universo y con todo lo que nos rodea. Para ello, necesitaríamos una gran mesa donde construir todas las piezas de la creación: las galaxias, el sistema solar, incluso la Tierra con la Luna. Ahora dime,

¿cómo crees que sería la mesa antes de colocar todos los astros sobre ella? Sería muy grande, fría y oscura.

Contempla la maqueta que hemos construido y dime si eres capaz de negar la existencia del frío y la oscuridad cuando en realidad, son el soporte de toda nuestra creación.

No quiero terminar este capítulo sin adelantarte una cuestión que me apasiona y quizás lo desarrolle en otro libro para no enredar más el tema: la invisibilidad de los cuerpos.

Pues bien, si consiguiéramos enfriar un cuerpo a cero grados absolutos, mi teoría predice que ese objeto sería totalmente invisible.

Cómo conseguir frío

Desde el punto de vista de la física sé que el enunciado no es del todo correcto. Lo adecuado sería titularlo «cómo enfriar un elemento», pero le he dado este nombre para describir de manera sencilla un capítulo, tan interesante como complejo.

Aunque la ciencia no esté de acuerdo con mi postulado, recuerda que, desde mi punto de vista, el frío es lo que existe por naturaleza, mientras que el calor es la consecuencia de una actividad energética.

En esta ocasión te quiero hablar de manera amigable sobre la termodinámica del agua, ya que es un elemento común y familiar que conoces muy bien. A menudo, cuando hablamos de la evaporación del agua, siempre la relacionamos con la temperatura, pero esto es un error. A lo largo de mi tratado sobre los campos magnéticos te he proporcionado respuestas sólidas al respecto.

Existen dos formas de evaporar el agua: aumentando la temperatura o a través del «momento magnético» de sus moléculas.

Aumento de la temperatura — Este método de evaporación del agua es el más conocido, pero quizás no lo sea tanto el mecanismo físico que actúa sobre las moléculas. Cuando calentamos agua, en realidad estamos irradiando ondas de campos magnéticos a todas las moléculas de agua en la frecuencia de infrarrojos. A partir de ese momento, estas moléculas entran en resonancia y comienzan a girar —rotación vertical— a la misma frecuencia que las ondas que reciben.

Según mi hipótesis, la consecuencia de todo esto es sencilla: a mayor actividad de rotación —norte-sur—, aumenta el tamaño del campo magnético de las moléculas. Por lo tanto, su volumen se incrementa, la distancia entre ellas aumenta y el agua se evapora al ser menos denso que el aire.

Ahora te voy a comentar otro método de evaporación en el que la temperatura no desempeña un papel relevante. Aunque es un fenómeno que te resultará familiar, la ciencia aún no ofrece una explicación clara.

¿Recuerdas qué experimentas cuando sales de ducharte con agua fría y te encuentras en una corriente de aire? Cierto, sientes frío. En realidad, estás «haciendo de botijo». Ese frescor que percibes no es una sensación, sino un proceso físico, complejo y curioso.

Debes saber que la evaporación sin necesidad de aplicar altas temperaturas se logra al reducir la presión de los gases que rodean al agua. Además, una corriente de aire sobre la superficie del agua también ayuda a que las moléculas se desenlacen entre sí y se evaporen. Ambos casos permiten que el líquido pase al estado gaseoso.

Ahora podrás comprender qué sucedería si la atmósfera terrestre dejara de existir. La presión atmosférica sobre los océanos desaparecería y en ese instante, toda el agua del mar se evaporaría gradualmente. Un claro ejemplo de esto lo encontramos en la Luna y Marte.

En el supuesto contrario, si la presión atmosférica en la Tierra fuera muy alta, el agua del mar no podría evaporarse por el desenlace molecular o «momento magnético». Un aspecto que te explicaré a continuación. En esa situación, los vientos no provocarían la evaporación del mar, no se enfriaría y la superficie marina alcanzaría temperaturas extremas. De esta manera, la vida en el mar sería inhóspita y finalmente el agua se evaporaría debido a las altas temperaturas.

La ciencia está familiarizada con este fenómeno, aunque no aclara muy bien los mecanismos físicos que lo provocan. Sin embargo, si aplicamos mi hipótesis, pronto descubrirás todos los secretos de este fascinante fenómeno físico con todo lujo de detalles.

Momento magnético o desenlace — El suceso del que te voy a hablar trata sobre el aspecto más trascendental del fenómeno de la evaporación del agua sin la necesidad de aplicar una temperatura elevada.

Mi hipótesis sostiene que cuando se unen magnéticamente dos moléculas o átomos, sus campos magnéticos se fusionan formando un solo elemento magnético. Por supuesto que podemos revertir este efecto y convertirlos de nuevo en dos elementos con sus campos magnéticos propios. Pero estas transformaciones no salen gratis a nivel energético. Te explicaré por qué.

En el instante en que dos moléculas se separan magnéticamente para evaporarse, sus campos magnéticos deben permanecer inmóviles sin ningún tipo de actividad mientras se realiza el desenlace. Esta circunstancia física la he denominado «momento magnético». Pienso que debería ser la primera ley de la desunión magnética de dos moléculas.

Durante el instante del momento magnético, las moléculas no emiten radiación magnética, por lo tanto, no generan calor. A menudo esto lo denominamos de forma incorrecta como la producción de frío. De nuevo la ciencia y la tecnología comparten este efecto, aunque no detallan las causas que lo producen.

La unión magnética de dos moléculas o dos átomos — Para que dos elementos se unan magnéticamente, sucede todo lo contrario al «momento magnético». Cuando una fuerza externa como la presión obliga a dos moléculas a acercarse entre sí, se produce una agitación de sus campos magnéticos, aumentando su rotación vertical con la única finalidad de acoplarse magnéticamente. Este aumento de velocidad de rotación provoca la emisión de ondas magnéticas a una frecuencia más alta. Cuando estas llegan al rango de los infrarrojos, las percibimos como calor.

Esta «convulsión magnética» sucede hasta que las dos moléculas o átomos finalmente se acoplan formando un solo campo magnético. A partir de ese momento actúan como un solo elemento magnético.

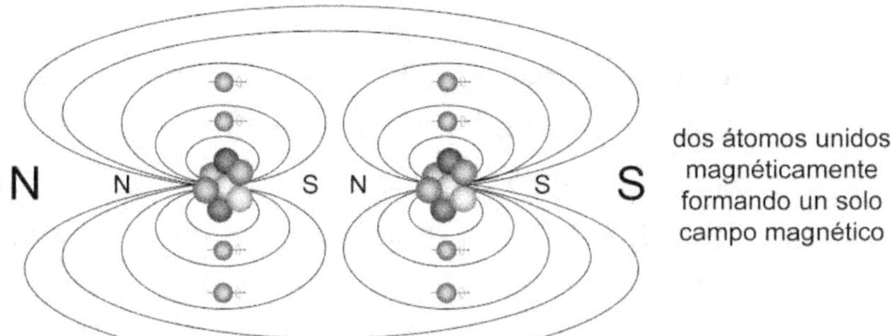

cuando dos átomos se unen magnéticamente forman un solo elemento magnético con su polaridad norte sur

Ahora te lo voy a explicar con argumentos más familiares para que comprendas todo este fenómeno. Recuerda uno de los apartados de mi hipótesis: un átomo o molécula se comporta en su conjunto como un imán con polaridad norte y sur.

Si coges dos imanes longitudinales e intentas unirlos, comprobarás que se giran hasta encontrar sus polos opuestos para acoplarse. Esto se realiza rápidamente porque están estáticos en tus manos. Ahora imagina que cada uno tiene su propia velocidad de rotación; esto complicaría más la situación. Al girar ambos a su libre albedrío, provocará de forma simultánea el efecto de atracción y repulsión hasta que finalmente, si seguimos aplicando la presión para acercarlos, se producirá la unión de los dos imanes por sus polos correspondientes, formando un solo imán. Esta convulsión rotacional de los campos magnéticos intentando acoplarse magnéticamente, provoca la emisión de ondas que percibimos como calor.

De momento la ciencia conoce los efectos de este fenómeno: la compresión de un gas origina un aumento de la temperatura.

Aunque te parezca sorprendente, la ciencia ignora el proceso magnético que te acabo de relatar y el mecanismo por el cual se produce dicho aumento de calor. Ahora ya conoces un poco más alguno de los secretos de la termodinámica de los fluidos.

En resumen, dos átomos al unirse magnéticamente producen ondas que las captamos como calor. Por el contrario, dos átomos al separase deben permanecer sus campos magnéticos inmóviles lo que les impide emitir ondas y lo percibimos como frío.

Desde un punto de vista físico, ya puedes comprender qué sucede cuando pones en funcionamiento el aire acondicionado del coche. Sabrás que un motor comprimirá el gas y lo licuará en un recipiente generando calor que se expulsará al exterior del vehículo. En el siguiente ciclo, el motor liberará esa presión, enfriando los átomos del gas y llevando ese frío al interior del coche. Es algo sencillo y cotidiano, pero a la vez encierra todo un proceso atómico maravilloso.

Observa todos los eventos cotidianos que concurren a tu alrededor donde intervienen impresionantes fenómenos físicos y magnéticos. Estos ejemplos refuerzan la validez de mi trabajo. Fíjate en lo que sucede cuando el viento, ya sea frío o caliente, sopla lateralmente sobre la superficie del mar:

se enfría. Recuerda cómo te refresca una suave brisa acariciando tu piel al salir del agua. Analiza también el complejo mecanismo físico que confluye en un botijo para enfriar el agua. Justo de este fenómeno te hablaré en el descanso del café.

Coffee break

Es hora de disfrutar un café mientras ponemos al botijo en el lugar que se merece: al fresco.

«Eres más simple que el mecanismo de un botijo». ¿Te suena la frase? Es la expresión más torpe jamás pronunciada a lo largo de nuestra historia. Y desde un punto de vista científico, una completa aberración.

El botijo es en realidad un laboratorio físico donde los protas son los campos magnéticos de las moléculas del agua. Lo más curioso es que sus inventores lo diseñaron sin tener ni puñetera idea de lo que estaban logrando. El botijo fue el primer refrigerador de la historia, hace unos 5000 años, incluso antes de la invención de la rueda. ¡Fíjate qué recorrido! Es un legado digno de recordar como uno de los primeros inventos de la humanidad.

Mientras disfrutas con el café, y quizá con un cigarrillo o un peta, te pondré al día sobre la «simpleza» del botijo. Nuestros antepasados diseñaron este recipiente sin ser conscientes de que, en realidad, estaban fabricando por azar un laboratorio físico para enfriar el agua.

Lo cierto es que los primeros millones de botijos se fabricaron con la única intención de almacenar agua. Pasaron muchos años, quizá siglos, hasta que las mentes inquietas de algunas personas observaron que algunos botijos eran mágicos. Tenían la cualidad misteriosa de enfriar el agua. Observa que un buen botijo puede refrescar el agua hasta unos 10° C de diferencia con respecto a la temperatura ambiente. ¡Asombroso!

Como estoy tomando un café largo, aprovecharé para descubrirte la mecánica física que encierra el botijo. Si además aplicas los conceptos del anterior capítulo sobre el frío y el calor, lo vas a pillar enseguida.

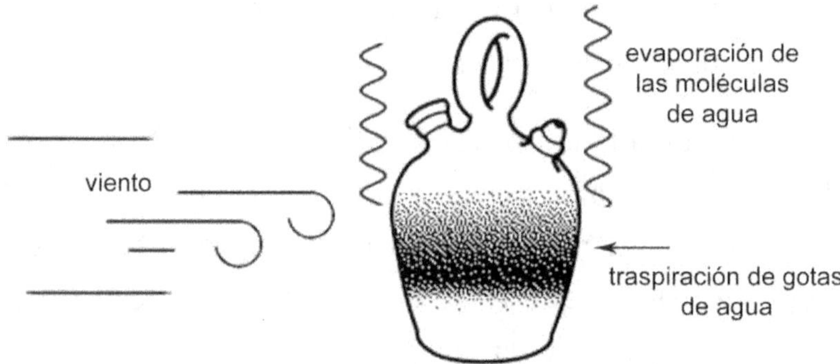

la mecánica de la física del frío en el botijo

Para fabricar un botijo que enfrié el agua u otro líquido, es esencial modelar el recipiente con cualquier material poroso, como son algunos tipos de arcilla. La finalidad es que el líquido del interior del botijo transpire continuamente y humedezca el exterior de la vasija. Ya hemos diseñado el botijo perfecto, pero por sí solo no enfriará el contenido. Necesitará de un flujo continuo de aire para que se evapore la humedad exterior de forma constante. De esta forma, se generarán millones de «momentos magnéticos inactivos» en el agua superficial del botijo. La consecuencia directa la puedes imaginar: descenso de la temperatura.

El botijo fue un claro ejemplo de serendipidad —descubrimiento por azar—. Es un término que no le gusta nada a la comunidad científica, pues tienen la piel muy fina. No obstante, la mayoría de los grandes descubrimientos han ocurrido por casualidad. A pesar de ello, debemos valorar que en todos los casos, siempre ha habido alguna mente lúcida en el lugar de los hechos para tomar nota y contarlo a la humanidad.

Si en alguna ocasión escuchas la frase «eres más simple que el mecanismo de un botijo», sonríe y pasa de puntillas.

Tercera parte

¿De qué va esta sección?

Creo que ya te he contado algunas materias destacadas sobre mi teoría de los campos magnéticos del átomo. No todo, me quedan muchas ideas por compartir, pero creo que no es el momento. Quizá si te ha gustado mi propuesta escriba una segunda entrega con otros temas interesantes que esconde el caos ordenado del mundo cuántico.

Todo lo que te he contado son enfoques científicos, que después de quince años de estudio, deseaba compartir contigo.

De ahora en adelante, esta *Tercera parte* es el «bonus track» de mi libro, donde me explayo sin límites dando rienda a mi desmadre mental. Intuyo que es la sección más divertida de mi trabajo. Voy a meter el dedo en el ojo a ciertos conceptos incómodos de actualidad y de interés social.

Te descubriré algunas cuestiones relevantes que pueden tener, o no, relación con mi trabajo, pero sin duda surgieron a partir de imaginar la vida con otros colores.

Ponte cómodo y disfruta conmigo, que esto promete.

La relatividad del tiempo

La relatividad del tiempo es una particularidad intrínseca del mundo que nos rodea y aunque resulta muy fácil de explicar, es muy compleja de entender. De hecho, respecto a la comprensión de la relatividad existen dos tipos de personas: los que no la entienden y los que la comprenden «relativamente».

Aunque no hace falta demostrar la existencia de la relatividad del tiempo, pues es un hecho ya probado en la actualidad con los satélites GPS, te voy a recrear una situación. Quizá te ayude a vislumbrar este fenómeno de otra manera.

Imagina dos trenes que se cruzan en una estación. Entre ambos trenes, hay una persona en el andén observando. Ambos trenes viajan a una velocidad de 50 km/h. La persona en el andén ve pasar cada segundo 10 ventanas de los vagones de cada tren.

Pero aquí está la clave: la velocidad y la percepción cambian dependiendo de tu punto de referencia. Desde el punto de vista de la persona en el andén, cada tren se desplaza a 50 km/h y ve 10 ventanas por segundo de cada tren.

Sin embargo, desde el punto de vista de alguien que esté situado en uno de los trenes, ve pasar 20 ventanas por segundo del otro tren y percibe que el tren se traslada a 100 km/h.

Además, hay otro aspecto a tener en cuenta: si la persona que va en un tren intenta calcular el tiempo que tardará el otro tren en llegar a su destino, los cálculos serán erróneos porque los datos de velocidad no son reales, son relativos a su punto de referencia.

Es un ejemplo interesante de cómo la percepción de la velocidad puede variar según tu posición relativa.

Con este sencillo ejemplo no pretendo demostrarte la relatividad del tiempo, pues no es del todo representativo, pero quizá sirve para abrirte la mente en este asunto tan «relativo».

A pesar de su complejidad, te voy a compartir algunos aspectos que llaman mi atención y creo que de momento nadie se ha planteado. Por lo menos de forma abierta.

Si aceptamos que el tiempo es relativo al estar condicionado por la velocidad del medio en el que nos encontramos, entonces puedo afirmar que el tiempo en la Tierra no transcurre a la misma velocidad a lo largo del año. Esto es debido a la variación de la velocidad de traslación de la Tierra en todo su recorrido.

Durante su viaje de traslación alrededor del Sol, la Tierra sigue una trayectoria elíptica. En el momento que se acerca al punto más próximo al Sol, alcanza su máxima velocidad de 30,3 km/s. Sin embargo, cuando se encuentra en la zona más alejada, su velocidad se reduce a 29,3 km/s. Por lo tanto, si aceptamos la teoría de la relatividad, podemos afirmar que la velocidad del tiempo en la Tierra varía a lo largo del año. Además, también influye la diferencia gravitacional del Sol entre el perihelio y el afelio.

No sé a ti, pero creo que a partir de ahora voy a cambiar mi mes de vacaciones, porque te prometo que el mes de agosto se me pasa relativamente muy rápido.

Este aspecto de la variación de la velocidad del tiempo en la Tierra no tiene mucha relevancia para nosotros y hasta donde yo sé, ningún científico ha realizado un análisis detallado al respecto. Pero, ¿qué ocurre cuando salimos de la Tierra?

Dentro de pocos años, para unos más que para otros, porque el tiempo es relativo, está previsto que llegue una expedición a Marte. En este punto, la situación se volverá un poco más compleja. Además del retraso natural de las comunicaciones por radio, que tardan entre 5 y 20 minutos dependiendo de la distancia que separa los dos planetas en ese momento, debemos tener en cuenta que la velocidad de traslación de Marte es inferior a la de la Tierra, alcanzando una media de 24 km/s. Por lo tanto, el tiempo en ese planeta transcurrirá más rápido.

Además, existe otra variable a considerar: la gravedad en Marte es aproximadamente un tercio de la fuerza gravitacional de la Tierra. Este factor también predice que el tiempo en ese planeta transcurrirá más rápido.

De todo esto se desprenden dos aspectos importantes que los científicos deben tener en cuenta. En primer lugar, será crucial diseñar un reloj interplanetario que pueda indicar la hora de manera precisa, sin importar en qué punto del sistema solar nos encontremos. Este reloj permitiría sincronizar el tiempo en diferentes planetas. Ello facilitará la comunicación, los datos de telemetría y la planificación en futuras misiones espaciales.

El segundo aspecto, que resulta bastante curioso y sin necesidad de entrar en odiosos cálculos matemáticos, es que una expedición de personas que pase 13 años en Marte envejecerá aproximadamente como nosotros lo haríamos en la Tierra en 10 años, o tal vez menos. No sé, pero las diferencias serán evidentes y fascinantes de observar.

Por último, y como mera anécdota, debo comentarte que lo realmente desafiante no será llegar a Marte, sino más bien llevar el equipamiento técnico y energético necesario para escapar de la fuerza gravitacional de ese planeta para regresar a la Tierra. No obstante, este es un detalle que no me preocupa demasiado, ya que, si algunos imaginaron la posibilidad de ir a Marte y regresar, seguramente otros lograrán hacerlo realidad en algún momento.

Todo esto lo vislumbro en el horizonte y en caso de que no se cumpla, siempre será fácil atribuir «relativamente» la culpa a Einstein.

Viajar a la velocidad de la luz

Me gustaría recordarte cómo empecé a dar forma a mi relato científico: «Por qué brillan las estrellas». Detrás de cada historia existen un desencadenante y un desarrollo, no es un hecho nada original. Para Newton, fue la manzana, y por supuesto Einstein tuvo su propia chispa. Parece ser que con 16 años quiso imaginar qué sucedería al viajar a la velocidad de la luz. No se conocen exactamente sus pensamientos en este tema, pero sabemos las conclusiones magistrales a las que llegó en el campo de la ciencia.

Muchos divulgadores también han lucubrado sobre cómo sería viajar a 300.000 km/s, pero desde mi perspectiva, con muy poco acierto.

En primer lugar, es fundamental recordarte que nosotros, a diferencia de la luz, tenemos masa. La ciencia actual, siguiendo la doctrina de Einstein, sostiene que la masa inercial no permanece constante, sino que aumenta a medida que la velocidad acrecienta. Siguiendo este principio podemos afirmar que nunca lograremos viajar a la velocidad de la luz.

¿Lo has comprendido?, entraríamos en bucle. Te explico. Para aumentar la velocidad inicial necesitaríamos más energía, ¿de acuerdo?

Esto nos permitiría movernos más rápido, pero al mismo tiempo nuestra masa aumentaría. Por lo tanto, necesitaríamos aún más energía para incrementar de nuevo la velocidad. Es evidente que podríamos seguir acelerando; no obstante, nuestra masa seguiría creciendo al mismo ritmo… y así sucesivamente. ¿Te imaginas cuánta energía necesitaríamos? Sería infinita. Por ello, nada que tenga masa puede viajar a velocidades extremas tan altas.

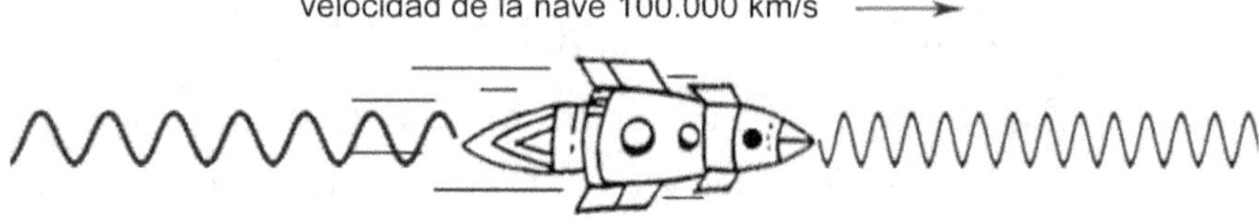

representación gráfica del efecto Doppler

En resumen, cuanto más rápido intentemos ir, más masa acumularíamos y por lo tanto, necesitaríamos aún más energía para intentar ir más rápido.

No obstante, resultaría interesante imaginar por un momento que somos un holograma y por tanto, sin masa. De esta forma podríamos conocer qué ocurriría y cómo percibiríamos nuestro entorno si viajáramos a una velocidad superlumínica.

¡Vamos a ello! En nuestra aventura imaginaria viajaremos a la «supervelocidad» de 50 000 km/s. Te propongo para analizar tres perspectivas interesantes: los astros delante de nosotros hacia los que nos dirigimos, los laterales y los que abandonamos detrás. En nuestra observación nos centraremos en los astros con luz propia, como estrellas o galaxias. Los planetas y asteroides prácticamente pasarán inadvertidos.

Si mantenemos una supervelocidad constante, las estrellas delante y detrás de nuestra nave no las veremos, percibiremos oscuridad total. En cambio, las estrellas situadas a nuestros laterales, las contemplaremos como tres puntos deformados con los colores principales.

Ahora te planteo otro escenario: vamos a viajar a esa supervelocidad, pero de forma creciente y progresiva. Esto te ayudará a comprender por qué vimos oscuridad total delante y detrás en el anterior viaje.

Iniciaremos nuestro recorrido a unos 10 000 km/h, las estrellas que se encuentran enfrente de nosotros las veremos blancas. A medida que aumentemos la velocidad, se transformarán en azules. Esto se debe a que nuestra velocidad provocará un aumento de la frecuencia de las ondas provenientes de esas estrellas. Si continuamos aumentando la supervelocidad, la frecuencia irá subiendo por encima del color azul, llegando a la gama de ultravioleta. Finalmente, de forma progresiva llegaríamos a las frecuencias invisibles para nosotros. Atónitos observaríamos cómo todo el horizonte frontal se oscurece.

En sentido opuesto, las estrellas detrás de nosotros, al ir distanciándose, las percibiríamos desplazándose hacia la gama de rojos para llegar al final a los infrarrojos, que es evidente, tampoco las veríamos al no ser frecuencias visibles.

Este experimento virtual lo he basado en el efecto Doppler. Creo que proporciona un análisis racional y científico verdaderamente único.

Por cierto, es interesante mencionar que Christian Johann Doppler descubrió este efecto en relación con las ondas sonoras en 1842. Debes saber que las ondas sonoras y las de radiofrecuencia son físicamente de naturaleza distinta. Es cierto que en muchos aspectos comparten características similares. Esto puede llevar a confusiones, ya que algunos divulgadores científicos cometen deslices al tratar estas ondas como si fueran de idéntica naturaleza física.

Ya ves, viajar a la velocidad de la luz puede presentar un panorama muy negro. Pienso que no molaría emprender una aventura como esta y dejar de ver el brillo de las estrellas.

Coffee break

El otro día llegamos de vacaciones y Rosa recolocó en el baño todas las cosas de aseo y cada una en su sitio. Rosa es la antítesis de mi concepto organizativo. Pues bien, a la mañana siguiente, cuando fui a afeitarme, no encontré el bote de espuma. Le pregunté y su respuesta fue clara y rotunda, «se habrá colocado solo. Está en su sitio». Por más que miré no la encontré. Le volví a insistir y su respuesta fue tajante, «está en su sitio, junto con los demás botes». Por más que miré no lo vi. La siguiente escena la presentía, era como un déjà vu, y así sucedió. Rosa se acercó al baño, abrió la puerta del armario y con dos dedos burlescos, directamente cogió el bote de espuma y sonriendo irónicamente me dijo, «¿es este?». Efectivamente, ahí estaba el bote, en primera línea y yo sin verlo.

Rosa es madre y sé que la naturaleza les otorga a todas las madres la facultad paranormal de encontrar todo en casa, pero siendo sincero contigo, debo matizarte que este no es el caso. La realidad es que cambié de marca de espuma y de manera inconsciente, mi cerebro trataba de encontrar el bote blanco y azul de siempre. En cambio, Rosa al no tener ninguna imagen preestablecida, lo localizó de inmediato.

¿Y por qué te cuento todo esto? Porque esta situación, que es muy común, encierra una gran moraleja: no se puede analizar un fenómeno desconocido con arquetipos preestablecidos.

En ocasiones pienso que, si mi visión del campo magnético del átomo es tan sencilla, ¿por qué ninguna mente privilegiada ha reparado en ella? Es posible que sea por eso; por su sencillez. En ocasiones la humanidad se pierde buscando respuestas complicadas cuando en realidad las soluciones son más sencillas de lo que esperamos.

No creo que ningún matemático pueda demostrar que mi estructura del átomo sea correcta, opino que mi exposición está más allá de las matemáticas actuales. Me conformaré con que nadie pueda demostrar que estoy equivocado.

La única manera de descubrir los límites de lo posible es introducirse en el terreno imposible. — Arthur Charles Clarke

¿Ha sido un café agradable?, pues vamos a tomar los últimos sorbos que hay que volver al trapo.

La gravedad

La fuerza de la gravedad nos rodea, vive con nosotros, despiertos o dormidos, y aunque nadie la ha visto, muchos hablan de ella. Pero cuando preguntamos, ¿qué es o qué genera esa fuerza débil tan inmensa?, todos se van por las ramas en busca del gravitón perdido. En definitiva, fantasías para cubrir espacios desconocidos.

Creo que lo único certero que se conoce sobre la gravedad es su velocidad de aceleración en la Tierra. Del resto, no se sabe ni de dónde viene ni a dónde va. De momento. A partir de ahora esto va a cambiar, por lo menos para ti. Te voy a contar algunos aspectos fascinantes que, excepto tú que estás a punto de descubrirlos, nadie más conoce los enigmas sobre esta débil fuerza tan inmensa.

El maestro Albert Einstein afirmó: «Si no lo puedes explicarlo de forma sencilla, es que no lo has entendido bien». Pues ahí va sin rodeos. ¿Qué es la gravedad? Es la fuerza centrípeta que generan los núcleos de los átomos al girar sobre sí mismos a una velocidad infinita $v\infty$.

Respecto a los núcleos atómicos, debo resaltarte dos características esenciales: su velocidad de rotación es $v\infty$ —velocidad infinita— y el sentido de rotación es igual en todos los átomos que se encuentran en una misma zona de influencia. En concreto, y si hacemos la observación desde el hemisferio norte terrestre, los núcleos de todos los átomos de la Tierra giran en sentido antihorario. Lo mismo ocurre con todos los átomos del sistema solar, es más, con todos los átomos de la Vía Láctea. Más allá de nuestra galaxia no lo he podido constatar, lo lamento, sé que giran en el mismo sentido, pero no tengo pruebas de que lo hagan en sentido antihorario.

Soy consciente de que todo lo que te relato son planteamientos tan atrevidos como desconcertantes, pero quizá con los análisis que voy a compartir contigo sobre mi percepción de la gravedad, las incógnitas irán cobrando sentido.

La gravedad es una fuerza débil comparada con el magnetismo, pero no te equivoques, es débil, sin embargo, resiste mucho más que el magnetismo. Veamos, la gravedad la defino como un corredor de fondo mientras que el magnetismo es un auténtico esprínter.

Las características del magnetismo se resumen en tres: es una fuerza fuerte, finita —con la distancia desaparece— y su propagación es instantánea. Por el contrario, la gravedad es una fuerza débil, infinita —con la distancia nunca desaparece— y su propagación también es instantánea. Si fuéramos capaces de vaciar el espacio de cualquier fuerza gravitacional y colocáramos dos átomos, uno a cada extremo del inmenso universo, con el tiempo se encontrarían debido a su débil pero persistente gravedad.

Magnetismo y gravedad, dos fuerzas que se propagan de forma instantánea y, por tanto, más rápido que la luz. Supongo que, en este punto, los estirados ya me han sentenciado y los sacapuntas se van a quedar sin lápiz :).

Otro factor relevante de la fuerza centrípeta que generan los núcleos de los átomos es que sus fuerzas se suman, por ello puedo afirmar que todos los núcleos atómicos giran en el mismo sentido.

Todos hemos visto de alguna manera cómo Michael Faraday demostró los campos magnéticos de un imán con limaduras de hierro. Este experimento sería muy esclarecedor si lo pudiéramos realizar en la gravedad con limaduras de materia. De esta forma, podríamos observar el recorrido de las líneas de fuerza gravitacionales.

¿Piensas que es posible llevar a cabo este experimento? No hace falta, la naturaleza lo realiza por nosotros. Es suficiente con observar cualquier galaxia para descubrir cómo toda la materia alrededor del núcleo sigue un patrón de líneas de fuerza con un sentido y una trayectoria bien definidas. ¡Son las líneas de fuerza de la gravedad!

Aunque ya te he contado lo fundamental sobre los misterios de la gravedad, aún existen algunos aspectos fascinantes que quiero compartir contigo. Aunque de momento son ciencia ficción.

Te he comentado que la gravedad es una fuerza que se propaga de forma instantánea. Pues bien, imagina el mundo de posibilidades que encierra esta energía si un día la humanidad consigue modularla, es decir, enviar datos a través de ondas gravitacionales igual que hacemos en la actualidad con las ondas magnéticas.

Por último, te dejo otro pensamiento sobre la gravedad. Según mi percepción, dos átomos se atraen porque en esencia sus núcleos giran en el mismo sentido y sus fuerzas centrípetas provocan entre ellos una atracción acelerada. Entonces, ¿qué ocurriría si consiguiéramos que un grupo de núcleos de los átomos giraran en sentido opuesto? Se repelerían con la misma fuerza inversa de atracción. Así es como preveo la levitación en el futuro, que, a diferencia de la levitación magnética, necesitará menos energía. Será un avance para la aviación y para cualquier medio de movilidad que la humanidad sea capaz de imaginar.

Supongo que algún fantasioso que lea este capítulo estará concluyendo que justo es la energía que utilizan los supuestos platillos volantes. Y posiblemente lo sea.

Lo admito, de momento es ciencia ficción, pero ya sabes qué pasa con las fantasías científicas: pronto o tarde acaban siendo realidad.

La materia oscura

A medida que te adentro en el relato de mis exposiciones estarás deduciendo que, en nuestro vasto universo, aparte de un pequeño puñado de miles de millones de partículas elevado a una increíble potencia que cabrían todas ellas en la palma de tu mano, no existe nada más. Sin embargo, hay algo inmaterial y omnipresente que debes tener en cuenta: los campos magnéticos. Ondas que, desde el inicio del Big Bang han generado, y siguen en ello, todos y cada uno de los átomos y moléculas de la creación.

Los científicos sospechan, y están en lo cierto, que el universo está relleno de algo. No obstante, se equivocan al denominarlo «materia oscura». Desde luego, lo que te puedo asegurar es que no es materia, es una maraña de ondas magnéticas alternas que cubren todo el espacio. Ondas que van y vienen sin interactuar entre sí. Ondas que rebotan sin cesar hasta que impactan con algún átomo capaz de resonar justo a esa frecuencia. Cuando eso sucede, el átomo receptor se convierte en emisor repitiendo el ciclo. En definitiva, ondas que no dejan ni un centímetro de espacio vacío.

Si pudiéramos observar estas ondas magnéticas, percibiríamos el universo como una masa compacta. Es la argamasa que cubre el cosmos en su totalidad.

En lugar de denominarlo materia oscura, su nombre correcto debería ser «energía residual».

En el mundo científico funciona muy bien la técnica del mantra. En numerosas ocasiones hemos visto cómo alguna idea, que, en principio ni siquiera era una hipótesis, de forma espontánea se ha convertido en dogma de fe.

Para los científicos ávidos de querer descubrir continuamente partículas y «cosas» puede ser desolador mi enfoque. Pero es lo que hay, y no hay nada más que las partículas atómicas que ocupan un despreciable porcentaje de todo el espacio, quizá 10–100. El resto está relleno de los campos magnéticos.

En ocasiones te he comentado que la realidad del universo en el que vivimos es similar a Matrix. Un videojuego en 3D con protas equipados con escasa inteligencia artificial. Quizá por ello resulta tan entretenido nuestro mundo.

Las galaxias

Las galaxias son las estructuras cósmicas más inmensas de nuestro universo y todos los fenómenos que se desarrollan en su creación son impresionantes. A continuación, te revelaré algunos aspectos desconocidos que vas a alucinar.

La NASA las define de la siguiente manera: una galaxia es un conjunto de gases, polvo y miles de millones de estrellas y sus sistemas solares. La galaxia se mantiene unida gracias a la fuerza de gravedad.

Un equipo científico liderado por Reinhard Genzel y Andrea Ghez, en 2019 comprobaron empíricamente la existencia de un agujero negro en la Vía Láctea, lo que les valió el Premio Nobel de Física de 2020 a partir de las mediciones tomadas por el telescopio Keck de Hawaii.

Una década antes, en 2009, inscribí en el Registro Propiedad Intelectual V-1542-09 la esencia de toda la exposición que ahora tienes entre tus manos. Sobre los agujeros negros escribí lo siguiente: «Es posible que en una zona del cosmos exista algún agujero negro que haya devorado todo a su alrededor, en ese caso, se cumplirá la idea actual: un agujero negro es invisible y no se puede detectar. No obstante, en el resto del universo los veremos siempre brillantes y muy luminosos, se reconocen como galaxias».

Fíjate que, en 2009 ya sostenía en esa publicación que todas las galaxias, incluida la Vía Láctea, en realidad eran agujeros negros atrayendo y devorando cualquier atisbo de materia que se encuentre en su alcance gravitacional.

Según mi análisis deductivo, las galaxias se forman de manera muy natural. Los pequeños asteroides, el polvo estelar, planetas, estrellas, gas y todo tipo de materia se agrupan por el efecto de la gravedad hasta formar una superestrella masiva. Sin embargo, si el centro gravitacional tiene la suficiente fuerza de colapso, el algoritmo de la física dará origen a un agujero negro. En tal circunstancia, la formación de una galaxia en torno al agujero negro, tal como las conocemos, será solo cuestión de tiempo.

Es interesante observar en una galaxia ya formada las líneas de fuerza de la gravedad del agujero negro. Lo apreciamos por el recorrido de asteroides que circundan a su alrededor. También podemos comprobar el sentido de giro del núcleo del agujero negro absorbiendo toda la materia a su alrededor, similar a cómo aspira el desagüe de un fregadero el agua.

Por lo tanto, el núcleo brillante de una galaxia no es otra cosa que la concentración de estrellas que están a punto de desintegrarse en el agujero negro o átomo supermasivo, tal como te describo en el capítulo de *Agujeros negros*.

Las auroras boreales

Las auroras boreales, también conocidas como auroras polares y luces del norte, son un espectáculo plástico precioso rodeado de un halo de misterio intrigante. Son un enigma para todo el mundo: los habitantes de las zonas polares las perciben como unas luces mágicas, mientras que a la ciencia le supone un enigma que no consigue explicar de una manera convincente.

Fíjate, según la ciencia convencional, las auroras boreales son causadas por partículas cargadas, o electrones de alta energía, que son expulsadas del Sol y al chocar con la atmósfera terrestre en la región polar excitan los átomos y las moléculas de oxígeno y nitrógeno presentes en ella. A medida que los átomos y moléculas vuelven a su estado original, emiten luz en forma de fotones. Es esta emisión de luz la que produce las coloridas auroras boreales.

Sin embargo, la explicación científica no me convence; suena a buenismo científico. Pienso que mi propuesta es más racional y ofrece una hipótesis sólida a este fenómeno.

Siguiendo la línea de mi trabajo de los campos magnéticos del átomo, te voy a contar cómo deduzco que se producen las auroras boreales. Estoy convencido de que encontrarás mi alternativa interesante y más coherente que la línea oficial.

Para contextualizar, recuerda que con anterioridad denominé a las ondas de frecuencias superiores a los ultravioleta como «AUHF» —Atomic Ultra High Frequency—. Estas ondas invisibles procedentes del Sol son muy malignas para la vida. No obstante, gracias al campo magnético terrestre, y yo añado gracias a la gravedad de la Tierra, estas ondas esquivan nuestro planeta continuando su camino por el universo. Sin embargo, una parte importante de esta energía consigue penetrar por los polos coloreando con distintos tonos la zona alta de la atmósfera.

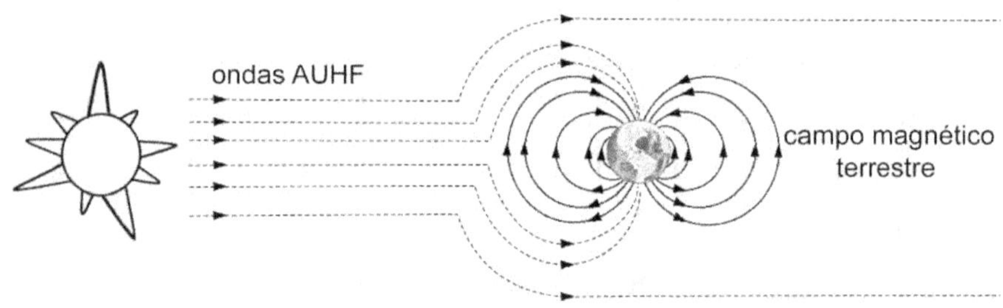

trayectoria de las ondas AUHF del Sol penetrando por los polos

El dilema surge cuando observamos estas ondas invisibles de AUHF coloreando la atmósfera. ¿Cómo es posible que algo invisible tenga un efecto visual?

Desde luego, no se trata de partículas ni electrones de alta energía; el Sol no arroja nada de materia, solo emite ondas de radiofrecuencia. Toda la materia que expulsa el Sol es atraída de nuevo hacia él debido a su gravedad. Si las ondas alfa y beta tuvieran masa, como afirma la ciencia, no podrían escapar del Sol.

En resumen, las reacciones de las fusiones nucleares en el centro del Sol provocan que los átomos oscilen y emitan distintas frecuencias AUHF — rayos x, alfa, beta y gamma—. En contraste, la mayoría de los átomos que se encuentran en la corona exterior del Sol, oscilan a frecuencias visibles.

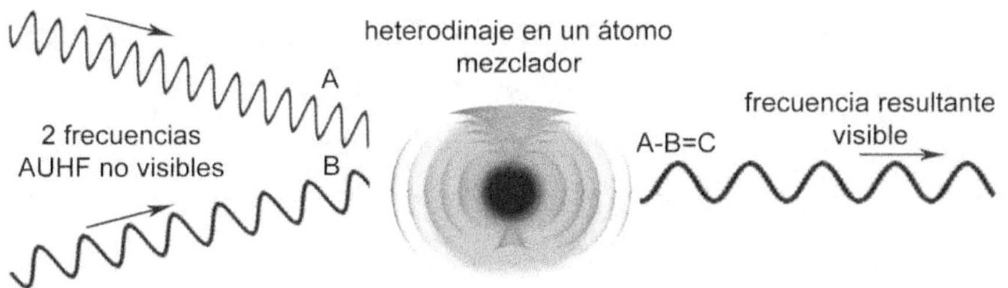

si un átomo es capaz de resonar a la diferencia de las dos frecuencias entrantes, emite una onda a esa frecuencia

Las ondas visibles ya sabes cómo llegan a nosotros: atraviesan la capa magnética terrestre y se transmiten de átomo en átomo a través de la atmósfera hasta alcanzar la superficie de nuestro planeta.

En cambio, las ondas AUHF no encuentran átomos resonantes en la atmósfera y pasan de largo. No obstante, una pequeña cantidad de estas ondas nos llegan penetrando por el único espacio que no está protegido magnéticamente: los polos terrestres. Es evidente que, en su trayectoria colisionan con átomos de oxígeno o nitrógeno sin ninguna consecuencia. No sucede nada porque los campos magnéticos del oxígeno y nitrógeno no pueden resonar a las frecuencias AUHF. Pero —este «pero» es crucial—, cuando dos ondas AUHF con frecuencias cercanas inciden sobre un mismo átomo, este emite una frecuencia resultante de la diferencia entre ambas. Es evidente que la nueva frecuencia es más baja y en muchos casos, se encuentra en el rango de las frecuencias visibles. Esta particularidad se llama heterodinaje, y te dediqué un capítulo para explicarte todas sus características.

El heterodinaje atómico se produce de forma fortuita, por lo tanto, es fácil imaginar que este fenómeno dure tan solo un par de segundos. Sin embargo, el efecto se hace visible debido a la inmensa cantidad de átomos que brindan idéntico fenómeno al mismo tiempo.

Mi exposición proporciona respuestas científicas sobre este fenómeno tan etéreo y poco energético. La luminosidad que ofrecen las auroras polares tiene una energía débil porque visualizamos la frecuencia resultante de heterodinaje. Esto es una consecuencia física: al mezclar dos ondas para lograr la diferencia de frecuencia entre ellas, siempre obtenemos una onda de menor amplitud o potencia.

Pero no te equivoques, las frecuencias originales AUHF son peligrosas y destructivas generando entre otros los cánceres. Por otra parte, es cierto que estas ondas, gracias a la capacidad que tienen para modificar las cadenas genéticas de los seres vivos, son los artífices de la gran biodiversidad en nuestro planeta.

De hecho, la sabiduría popular de algunos grupos de esquimales considera a las auroras boreales como representación de lo maligno. Y estoy convencido de que están en lo cierto.

240

El Sol y las manchas solares

Sobre nuestra estrella preferida se ha escrito mucho a lo largo de la historia, e incluso se le ha venerado. Y no es para menos, ya que es el principal responsable de nuestra existencia.

Lo que no entiendo muy bien son las múltiples ideas erróneas que la ciencia sostiene respecto al Sol y en general sobre las estrellas.

Te voy a contar varias de esas paridas que, sin certificado de veracidad, se van diseminando irracionalmente por los diversos medios divulgativos. Seguro que alguna de estas afirmaciones te resulta familiar.

Ciertos divulgadores afirman que el Sol ha cambiado en ocasiones el sentido de giro. También se ha dicho que el Sol invierte su campo magnético en ciertos momentos, e incluso, que nuestro astro posee varios campos magnéticos. Y por si esto es poco, habrás escuchado que el Sol lanza partículas al espacio con el consiguiente peligro para la Tierra.

Nada de todo eso que «dicen que dicen» es coherente. Ni tan siquiera la percepción que tenemos de nuestro astro es real.

Ponte cómodo porque creo que te gustará descubrir otra propuesta más razonable. Durante miles de años, no sé exactamente cuántos, la humanidad consideró que el Sol era dios. Ahora veremos el tiempo que transcurrirá para que se acepte mi modelo de Sol, que no es otra idea inconexa, sino el resultado de un estudio sencillo pero lógico de nuestra estrella favorita.

Para ofrecerte mi opinión personal sobre el Sol, asumiré como válidos los datos que ofrece la ciencia en cuanto a su composición: el Sol es un astro compuesto básicamente de hidrógeno en su mayoría y helio.

A causa de su gran tamaño y fuerte gravedad, nuestra estrella debe poseer una estructura líquida muy densa, quizá este sea el cuarto estado de la materia. En cualquier caso, no es relevante para mi planteamiento.

La realidad es que ninguno de los elementos del Sol puede producir ondas en el espectro visible. Las frecuencias de oscilación de los campos magnéticos de sus átomos son invisibles debido a la fusión nuclear. En definitiva, todas las ondas generadas por el Sol tienen frecuencias superiores a los ultravioleta.

Aquí nos encontramos ante la primera discrepancia respecto al conocimiento actual: el Sol es un astro oscuro que no emite ondas visibles. Esta característica no es exclusiva de nuestro astro. En el capítulo Las estrellas sostengo que todas las estrellas comparten la misma peculiaridad: astros oscuros que no emiten luz.

Un aspecto más a considerar: el Sol carece de magnetismo y mucho menos dispone de algún campo magnético. Nuestro astro no contiene hierro ni ningún elemento con campos magnéticos «domesticables». Por lo tanto, no puede ofrecer un campo magnético uniforme ni zonal.

Por si acaso este planteamiento no te convence, debo recordarte que cualquier campo magnético desaparece a partir de los 500 °C. No estoy seguro, pero creo que el Sol tiene algo más de temperatura. Conclusión: el Sol no cambia ni invierte cíclicamente su polaridad magnética.

Otra característica relevante es que el Sol no ha invertido su masa de norte a sur. Es lógico que, al ser una masa densa, la velocidad de rotación del ecuador sea distinta de la de los polos. Por otro lado, el sentido de giro rotacional antihorario del Sol es inmutable, al igual que todos los astros de nuestra galaxia.

llamaradas de partículas con masa retornando al Sol

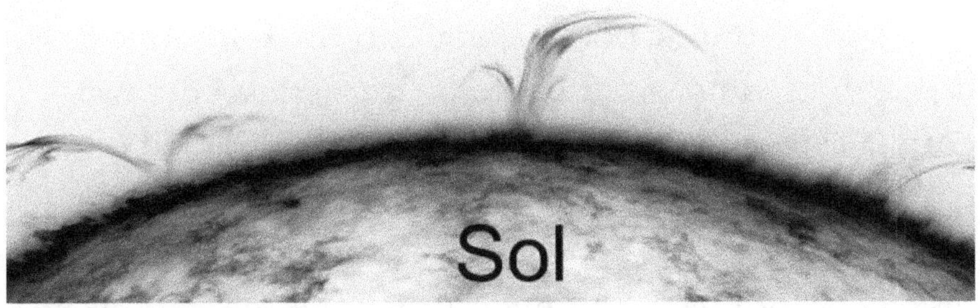

Respecto a las partículas que el Sol aparentemente arroja al espacio exterior, dudo mucho que eso ocurra. No creo que ningún elemento con masa pueda escapar de la inmensa fuerza gravitatoria del Sol. Si tienes ocasión de observar algún video de la corona solar con sus grandes erupciones de llamaradas, comprobarás de forma clara que todas las partículas regresan al Sol. Esas erupciones consisten en átomos de hidrógeno o helio que, al poseer masa, retornan fielmente a casa.

Como has observado, he desmitificado ciertos aspectos del Sol. Si algún estirado pretende tirarlos por tierra, se lo tendrá que currar mucho.

Irremediablemente ahora tenemos que afrontar el título del libro, «Por qué brillan las estrellas». Por tanto, si te he afirmado que el Sol es un astro oscuro que no emite luz visible, ¿por qué lo vemos brillar? Supongo que estabas esperando esta cuestión.

Nuestra estrella, al igual que el resto, no emiten luz visible. Es más, a los agujeros negros les pasa algo similar. Un aspecto revelador que te cuento en su capítulo específico.

Todas las estrellas poseen una corona, que podríamos describirla como su atmósfera. En el caso del Sol, su corona está compuesta por átomos de hidrógeno o helio que continuamente son expulsados de manera violenta al exterior. Esto se debe a las grandes explosiones originadas por la fusión nuclear de miles de millones de átomos de hidrógeno en el centro de la estrella. Estos átomos son de nuevo atrapados por la gravedad y devueltos al Sol. En ese trayecto, la frecuencia de oscilación de los átomos desciende, lo que se entiende en la práctica como descenso de temperatura. En ese tránsito los átomos oscilan a frecuencias visibles.

Por consiguiente, la parte que vemos iluminada del Sol o de cualquier estrella es su corona exterior.

Llegados a este punto, puedo asegurarte que del Sol solo escapan ondas de radiofrecuencia. Unas son visibles y proceden de la corona solar. Otras, las invisibles, las denomino AUHF — Atomic Ultra High Frequency— y comprenden todas las frecuencias superiores a los ultravioleta. Estas se generan en el núcleo del Sol.

En tal caso, si del Sol no se libera nada que tenga masa, ¿qué es el viento solar? La ciencia tiene evidencias de que del Sol nos llegan partículas como electrones. La cuestión es si estas partículas provienen del Sol o se encuentran vagando por el espacio y son arrastradas con el bombardeo de las ondas solares.

Otro aspecto que debemos tener presente, es que todas las frecuencias visibles y no visibles emitidas por el Sol están compuestas por fotones. Esta particularidad ya te he explicado que son inherentes de las ondas helicoidales, por lo tanto, los fotones se pueden percibir como si fueran partículas y ello puede llevar a confusión a la comunidad científica. No obstante, me reafirmo, del Sol no escapa ninguna partícula con masa.

Si observas un meteorito, podrás comprobar cómo su cola, dependiendo de su trayectoria, va delante del cometa o detrás. En realidad, siempre se sitúan en oposición al Sol. Su cola se ilumina debido a los átomos libres que se encuentran en el espacio y que son golpeados contra el meteorito por la radiación solar —viento solar—. En esta colisión, los átomos entran en una oscilación visible, lo que permite observarlos.

Con mi exposición quiero dejarte claro que estoy convencido de que llegan a la Tierra partículas como consecuencia del viento solar. Lo que cuestiono es el origen de esas partículas.

Ahora que ya te he estructurado el Sol desde mi perspectiva, quizá te guste conocer mi punto de vista sobre las manchas solares.

La radiación de las ondas AUHF no se libera del Sol por cualquier parte, en su mayoría, por no decir en su totalidad, escapa a través de las manchas solares o agujeros de la corona solar. Dependiendo de los tamaños de las manchas solares y de su cantidad, llegan a la Tierra estas ondas AUHF en mayor o menor proporción. Una radiación tan dañina para la vida en la Tierra.

Fíjate, las manchas solares son en realidad agujeros de la corona solar que nos permiten ver el Sol a través de ellos. Ahora entiendes por qué afirmo que las estrellas son astros oscuros y carentes de luz.

Te voy a contar algunos detalles curiosos sobre los agujeros negros. Perdón, manchas solares.

Te propongo un símil terrestre que comprenderás con facilidad, las manchas solares son como volcanes en la «corteza» solar. Por medio de estos orificios de escape se liberan todas las radiaciones poderosas e invisibles que llegan a la Tierra. Son ondas del rango de frecuencias de los rayos x, alfa, beta y gamma. Son tan energéticas que pueden dañar equipos electrónicos, satélites y mucho más. Debido a su corta longitud de onda, es posible que afecten o modifiquen las células de cualquier ser vivo.

No obstante, no todo es nefasto. La parte amable y colorida de estas radiaciones son las auroras boreales, aunque siguen siendo muy peligrosas.

Existe otro aspecto interesante que te comento de pasada: estas ondas, a pesar de su capacidad para dañar y modificar estructuras celulares, son las responsables de la gran riqueza biológica que disponemos en nuestro planeta. ¡Qué paradoja!

Estas ondas pueden crear modificaciones aleatorias en la información genética de las células creando al azar un sinfín de nuevas especies animales y vegetales.

Otra faceta curiosa de los agujeros de la corona solar es su actividad cíclica. Un aspecto que te comento en algunos capítulos.

El Sol es muy enigmático, su núcleo se comporta como un corazón. Desde nuestra perspectiva de espacio tiempo, su pulso es lento, bombea cada once años. Esta es una observación del promedio de la estadística, pero cuando se analiza de cerca el gráfico comprobamos que en ocasiones lo hace a los diez años, doce años, incluso puede dar un susto puntual fuera de los ciclos establecidos.

Debo añadirte que el ciclo de once años es el más corto. El siguiente subciclo es cada 22 años. Y así sucesivamente hasta llegar a interciclos de cientos o miles de años correspondientes a las glaciaciones. Este modelo cíclico del Sol se mantiene desde hace millones de años. Toda una disciplina científica por desarrollar.

Quizá este detalle te aclare alguna duda. Justo cuando aumenta la actividad de las manchas solares, recibimos mayor radiación AUHF. Precisamente en este aspecto me baso para afirmar que todo el flujo de radiación maligna emana por los agujeros solares.

Antes de concluir este capítulo tan soleado, te recordaré que según mi planteamiento, el cambio climático se escribe cíclicamente en el Sol y no en la Tierra, como nos venden los medios de comunicación. Así te lo explico en los capítulos específicos.

Ahora ya conoces un poco más por qué brillan las estrellas. Cada vez que mires el Sol, recuerda agradecer a la corona solar que esté ahí, iluminando esa estrella tan oscura.

Por qué brillan las estrellas: el color de la vida

El cambio climático

Es evidente que el cambio climático importa y preocupa. De ello se encargan los medios de comunicación que se hacen eco de noticias relacionadas con esta cuestión de forma sesgada y continua. Cualquier variación estadística en el clima se atribuye de inmediato a la irresponsabilidad del ser humano. Y de las vacas.

Deseo compartirte este asunto por la estrecha relación que tiene con las ondas magnéticas. Más de lo que puedas imaginar. Te lo voy a enfocar desde la objetividad, sin apasionamientos, con algunos datos que quizá cambies la percepción del problema al analizarlo con otro punto de vista. Recuerda que una verdad a medias es una mentira perversa. Por ello conviene examinar nuestro pasado de manera objetiva, para extraer conclusiones presentes sin sectarismos. Ni en pro ni en contra.

El cambio climático es un hecho y, por cierto, nada nuevo. Existe desde que la Tierra se formó como planeta. En esencia, debes conocer que hemos disfrutado a lo largo de la historia de cuatro glaciaciones con sus periodos interglaciares.

Cada época climática ha estado marcada por periodos más cortos con sus características propias. A su vez, los periodos o ciclos están formados por otros subciclos más pequeños. Estos modelos cíclicos se repiten sucesivamente hasta llegar al ciclo anual, donde recorremos cuatro estaciones climáticas con sus correspondientes peculiaridades. La etapa repetitiva más corta es el día y la noche. Todos estos ciclos, subciclos y multitud de interciclos, se pueden representar en una gráfica de forma similar a una onda de radiofrecuencia fundamental con todos sus armónicos. Entonces, ¿en qué era, periodo, ciclo, subciclo o interciclo nos encontramos en la actualidad? Un aspecto esencial para conocer si el clima de hoy en día está dentro de los parámetros normales.

Uno de los datos alarmantes que divulgan los periodistas y algún científico adherido, es la predicción de la temperatura de la Tierra. Todo este sector de visionarios afirma que puede aumentar un grado en los próximos cincuenta años.

Tal vez es momento de recordar, ya que nadie lo hace, que alrededor del año 1700 la temperatura en Europa subió una media de un grado cada diez años. Por aquel entonces, creo recordar que no había mucha «huella de carbono». Ni los coches desprendían demasiado CO2.

Durante la época medieval transcurrió un episodio conocido como la Pequeña Edad de Hielo. Demasiado importante para que nadie lo mencione. Este periodo se extendió aproximadamente desde el siglo XIV hasta el XVIII. A lo largo de ese ciclo se registraron temperaturas más bajas de lo habitual en varias partes del mundo.

En concreto, Europa experimentó uno de los impactos más significativos de la Pequeña Edad de Hielo. En los siglos XVI y XVII se produjeron inviernos particularmente crudos, con ríos y lagos congelados, así como la expansión de glaciares en los Alpes. La hambruna y la desolación afectaron a muchas zonas del planeta. En ese periodo la temperatura descendió 10° C de la media normal. ¡Esta es la clave! Quizá deberíamos redefinir qué es lo «normal».

Por otro lado, te voy a contar un dato más reciente: la masa forestal del planeta ha aumentado un 10 % en los últimos cuarenta años. Todo ello a pesar de la deforestación bestial que han sufrido los bosques tropicales.

La realidad es que el CO2 es un elemento esencial para las plantas. A lo largo de millones de años de evolución, los árboles y la vegetación han ido devorando el dióxido de carbono —CO2— hasta convertirlo en un gas mortal llamado oxígeno.

Si examináramos la composición de la atmósfera en la época de los dinosaurios, comprobaríamos cómo los niveles más elevados de CO2 favorecieron el crecimiento de esos bosques gigantescos.

Si la masa forestal de la Tierra ha crecido a pesar de la deforestación de las zonas tropicales, es gracias a la contaminación de CO2. Entonces yo me pregunto, ¿cómo sería la situación actual si no hubiéramos contaminado?

El aumento del CO2 parece que es un hecho, así lo manifiesta la masa forestal, pero no creo que sea exclusivo por la acción del ser humano. No somos tan omnipotentes. Las plantas han necesitado miles de millones de años para cambiar la atmósfera terrestre. El ser humano puede influir en la humedad ambiente de una zona como consecuencia de una central nuclear, o podemos modificar la temperatura de una gran ciudad, pero no puede alterar la climatología del planeta entero. «El clima se escribe en el Sol y se disfruta en la Tierra». Te amplio más detalles en el capítulo *Las sequías*.

Observa que en la actualidad, los movimientos ecologistas han dejado de mencionar el «calentamiento global» para referirse al «cambio climático». No sea que comencemos a entrar en un subciclo frío y sus postulados se vayan al traste.

Continuando con el aumento de la temperatura, te quiero señalar otra observación. Estoy seguro de que has escuchado afirmaciones similares a esta: si asciende la temperatura global, el nivel de los mares aumentará en las costas medio metro debido al deshielo. Esta hipótesis, aparte de no ser científica, es absurda.

Te explico por qué. Si la Luna desapareciera y con ella su fuerza de gravedad, seguramente el nivel del mar en las costas aumentaría un metro. Esto sucede porque la mayor masa de agua se concentra en medio de los océanos debido a la atracción gravitatoria de la Luna y el Sol. Por lo tanto, si se produjera un deshielo en los casquetes polares, la mayor parte del agua se concentraría en medio de los océanos.

Sin embargo, existe otro aspecto esencial que debes tener en cuenta. Para ello te propongo un ejemplo: coge una cubeta, coloca un gran hielo de agua o multitud de cubitos helados y llena la cubeta con agua hasta el borde. ¿Qué crees que sucederá cuando todo ese hielo, que sobresale del agua, se descongele?

Es fácil imaginar que a medida que se deshaga el hielo, el nivel del agua aumentará, desbordándose. Pues es un «fail». No rebosará ni una gota de agua. La explicación es simple: el volumen de hielo sumergido es mayor que el agua líquida, por lo tanto, cuando todo el hielo, emergido y sumergido, se licue, rellenará el mismo espacio que antes ocupaba la parte de hielo sumergida.

Con mi planteamiento deduzco que si todo el hielo, tanto terrestre como acuático, de los casquetes se derritiera, el nivel del mar podría aumentar cinco centímetros. Eso, exagerando mucho.

No pretendo sentar cátedra sobre un tema tan relevante que afecta a la humanidad, sino más bien cuestionar algunos aspectos respecto al clima. De esa manera, en lugar de emprender acciones absurdas, podremos tomar decisiones inteligentes.

Ahora sí, creo que en este punto se han adherido los ecolojetas a los estirados y sacapuntas.

Coffee break

Voy a dedicar este café para compartir contigo algunas anécdotas curiosas sobre las ondas de radio. Hace muchos años, alrededor de 1960, las comunicaciones de larga distancia se reducían a la radio, la televisión y la telefonía por cable. En esa época eran numerosos los aficionados a la radio, tanto a la emisión como a la recepción, denominados radioaficionados. Una tribu extinguida en la actualidad a consecuencia de las nuevas tecnologías de comunicación e Internet.

Mientras que los radioaficionados a la emisión utilizaban emisoras para contactar con países lejanos, los radioescuchas eran más modestos, no disponían de emisoras autoconstruidas. Tan solo se limitaban a escanear todas las frecuencias de onda corta para intentar escuchar alguna emisora extranjera. Incluso transoceánica. Cuando los radioaficionados conseguían un contacto épico, enviaban una QSL —tarjeta de confirmación de escucha— al emisor. En ella incluían fecha, hora, frecuencia y país donde se realizó el contacto.

Todo este protocolo se ha perdido en la actualidad, pero recuerdo con nostalgia esa época en la que fui radioaficionado pirata —sin licencia oficial—, en un país, bajo la dictadura de Franco. En la actualidad y con democracia, me meterían directamente en la cárcel.

En esos años participé de forma muy activa con mis potentes emisoras y receptores de tráfico —radios de onda corta profesionales—. Equipos diseñados y autoconstruidos por mí.

Por tanto, debes de imaginar que en esos años era bastante común en ciertos círculos conocer la filosofía de las QSL. Y así fue. Recuerdo que en esa época, una familia de Kentucky estaba viendo la televisión. De repente comenzaron unas interferencias extrañas en su televisor con la pérdida de la señal cíclicamente. Al mismo tiempo se sobremodulaban otras imágenes difusas. A los pocos minutos la interferencia cobro algo de nitidez y pudieron observar la carta de ajuste de la televisión BBC. La incursión de la televisión británica duró varios minutos.

El hecho es sorprendente porque la gama de frecuencias de televisión de 400 MHz, tiene un alcance directo de unos 50 km. Otra característica es que esas ondas se propagan en línea directa sin poder reflejarse en las capas altas de la atmósfera tal y como sucede con las ondas cortas. Te recuerdo que de Kentucky a Londres hay una distancia de 6.000 km.

¿A que es fascinante esta historia? Si te ha parecido increíble, siéntate no te vayas a caer. Michael Jones, así se llamaba el hijo de la familia de Kentucky, era radioaficionado y envió una QSL a la BBC de Londres para confirmar este hecho tan sorprendente. Michael indicó en la tarjeta todos los datos de la recepción. La televisión británica no dudó en responder a las pocas semanas agradeciendo su «control». No obstante, le indicó que el hecho era muy extraño porque esa carta de ajuste hacía más de un mes que ya no la emitían.

Imagina en qué planeta lejano tuvo que rebotar esa señal de televisión para que estuviera viajando a la velocidad de la luz durante un mes y que por fin llegara de nuevo a la Tierra. Las ondas magnéticas son infinitas, siempre que no encuentren en su camino un circuito resonante que las absorba y transformen su energía.

Quizá esta anécdota que te he contado sea más normal de lo que imaginamos, lo difícil es encontrar testigos que se encuentren en el lugar de los hechos para identificar estos sucesos.

Las sequías

Este contenido tiene mucha conexión con el capítulo anterior, *El cambio climático*. Es posible que te preguntes por qué me meto en este jardín. Pronto lo entenderás al comprobar que ambos temas están intrínsecamente relacionados con las ondas magnéticas procedentes del Sol.

La dinámica de las sequías es una cuestión fascinante en la que te voy a introducir. Descubrirás mi propuesta sobre el origen y las reglas por las que se rigen los periodos secos. Por mi parte, lo encuentro tan interesante que tal vez algún día la ciencia considere mi trabajo para abrir nuevas vías de investigación.

Como ya te he comentado, recordarás que hace algún tiempo fui un radioaficionado muy activo. En esa época, todos los aficionados a la radio conocíamos que los años de propagación seguían un patrón muy definido.

Te explico. Cuando hago referencia a la propagación —de las ondas—, me refiero a la posibilidad de comunicarse por radio con unos países en concreto.

Por tanto, no siempre era posible contactar con una zona determinada; dependía de las horas, pero sobre todo de la actividad solar. En particular, era significativo el aumento o disminución de las manchas solares. Un fenómeno que conocíamos muy bien y sucede cada once años.

Hasta aquí esta historia en la que parece que se me ha ido la olla relatándote anécdotas de radioaficionados.

Por otra parte, debido a mi edad, he vivido muchos periodos de sequías. Siempre ha sido la misma historia: cuando parecía que el mundo se acababa deshidratándose, retornaban los años de lluvias. Era como un déjà vu.

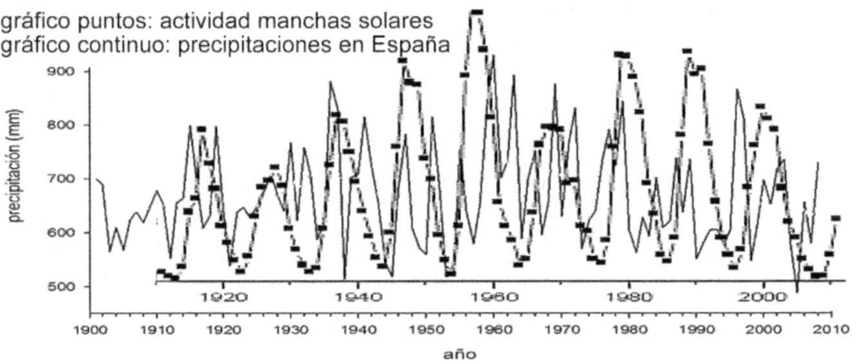

Este tema fue despertando mi curiosidad hasta que un día, viendo por casualidad la televisión, coincidí con un documental curioso acerca de los registros climáticos. La propuesta era averiguar los datos históricos sobre el clima de los últimos doscientos años. Literalmente me pareció increíble. ¿Cómo podían obtener esos datos? Me quedé asombrado; analizaron visualmente el grosor de los aros de un tronco en un árbol centenario. Esto sucedió alrededor de 1980, y nunca antes oí hablar de este método. El tamaño de los anillos reflejaba el crecimiento anual y de esta manera, pudieron comprobar que periódicamente el desarrollo del árbol era mayor. ¿Adivinas cada cuántos años se repetía el periodo? Sí, once años, casualmente los mismos que los ciclos de radiopropagación. Un fenómeno que conocía muy bien, al igual que su origen.

El documental no terminó ahí; llegó más lejos. Planteó la posibilidad de averiguar estos mismos datos climáticos que sucedieron hace unos veinte mil años. Eso no me pareció serio; es imposible conocer el clima que se produjo en esa época. Visto con retrospectiva, debí cuidar la utilización de la palabra «imposible».

Resulta que un científico, cuyo nombre y especialidad no recuerdo, se encontraba en un país oceánico, me parece que era Australia. A él le llamó la atención las huellas longitudinales sobre unas piedras en las laderas de una montaña. La conclusión a la que llegó el investigador es que eran las marcas que, los distintos deshílelos anuales fueron grabando en la piedra con sus sedimentos.

El grosor de estas franjas variaba, pero eran cíclicas. Reflejaban la cantidad de lluvia caída y que se congelaba durante cada periodo invernal. En este registro se apreciaba el mismo patrón: ciclos de once años.

Desde mi punto de vista, la actividad de las manchas solares es la clave fundamental que condiciona el clima en la Tierra marcando el ritmo del fenómeno del Niño y la Niña.

Si analizas la ilustración anterior, parece evidente que los ciclos de lluvias en España y la actividad solar siguen patrones similares, un modelo climático a tener en cuenta.

Por tanto, deduzco que a través de los agujeros de la corona solar, que te mencioné en un capítulo anterior, llegan las radiaciones de AUHF a la Tierra. Estas ondas son las responsables de modificar la permeabilidad y el comportamiento físico de las capas altas de la atmósfera. Esto provoca cambios sustanciales en el clima y la meteorología.

No obstante, existe un problema en el análisis que dificulta el estudio: la repetitividad exacta del fenómeno.

Aunque los registros confirman que el periodo se repite cada once años, no siempre ofrece las mismas características. Existen ciclos de baja actividad con las manchas solares que apenas aumentan en tamaño y número. Estos ciclos pasan prácticamente inadvertidos con pequeñas consecuencias hídricas. En cambio, los ciclos en el que las manchas solares aumentan de manera notable, el flujo de energía que se escapa del Sol es mayor provocando considerables alarmas meteorológicas.

Todavía existen otros parámetros muy importantes que juegan al despiste. Te explico. Para que una teoría sea aceptada por la ciencia, debe cumplir varios aspectos esenciales: testabilidad, reproducibilidad, predictibilidad y la falsabilidad, entre otros. En cambio, mi hipótesis sobre las manchas solares no cumple ninguno de estos aspectos. No obstante, no se puede desechar mi trabajo y te lo voy a desarrollar. Es posible que esta sea la excepción que confirma la regla.

Para que se pudiera demostrar que el fenómeno de las manchas solares tiene una relación con el clima terrestre de una forma clara, sería necesario que se produjeran unos eventos altamente improbables. La actividad y el tamaño de las manchas solares tendrían que repetirse exactamente igual cada ciclo. La intensidad del flujo de ondas AUHF debería ser idéntica. Además, se requeriría una reproducción precisa cada once años, el mismo mes, el mismo día y la misma hora. Todo un abanico de circunstancias que es imposible que se den.

Creo que es fácil de comprender. Son distintos los efectos al bombardear la atmósfera terrestre con ondas AUHF en invierno que en verano. Y es evidente que estas radiaciones no producen efectos similares en las capas altas de la atmósfera caliente durante el día que con las temperaturas bajas de la noche.

A pesar de todos estos contratiempos analíticos, las manchas solares marcan el ritmo climático y meteorológico terrestre. Basta con analizar el gráfico de la ilustración para comprobar cómo estos ciclos solares y los periodos hídricos en España mantienen el mismo ritmo y tararean la misma música.

Llegar a estas conclusiones e insistir en su coherencia es fruto del conocimiento horizontal, transversal o multidisciplinar. Cuando los conocimientos paralelos convergen en un punto, surgen ideas innovadoras que pueden resultar revolucionarias.

Las estrellas

Otro capítulo que le va a dar vidilla a los estirados. Estoy convencido que mi exposición les va a provocar una descomposición cerebral: las estrellas no brillan, no emiten luz y lo más extraordinario: son frías. Son astros sumamente negros, oscuros, convulsos y caóticos. Lejos de ser objetos sólidos, se encuentran en estado «gaseoso condensado» —así defino el plasma— debido a la gravedad junto con las altas frecuencias de oscilación por la fusión de sus átomos. Es un estado de la materia único que se encuentra a medio camino entre sólido, líquido y gaseoso.

En esta circunstancia, ningún átomo puede oscilar a cualquier frecuencia visible. Por ello afirmo que las estrellas son negras.

Entonces, ¿por qué brillan las estrellas? Quizás lo correcto sería preguntarse por qué las vemos brillar.

Con base a mi percepción de las estrellas, te voy a desarrollar mi hipótesis para comprobar si encajan todos los efectos que de ellas se desprenden.

En el centro de las estrellas, una cantidad inimaginable de miles de millones de átomos se colapsan sin cesar, provocando fusiones nucleares simultáneas. Estas uniones atómicas propician la creación de nuevos elementos y la consiguiente generación de ondas magnéticas alternas. Ahora bien, las ondas de radiofrecuencia que provocan estas reacciones no se encuentran en nuestro abanico de frecuencias visibles, ya que están en el espectro de los rayos x, alfa, beta y gamma —AUHF—. Por lo tanto, mucho menos irradian ondas infrarrojas que se encuentran por debajo del rango visible. Así pues, esa creencia de que en las estrellas existen miles de millones de grados de temperatura, no es posible. Son astros fríos.

No obstante, la historia no termina ahí. En nuestro universo no hay acción sin reacción. Todos los átomos de una estrella emiten ondas invisibles AUHF. Gran parte de esta energía se expulsa hacia el exterior del astro, donde su frecuencia de oscilación desciende convirtiéndose en ondas del rango visible. Este fenómeno se manifiesta en forma de llamaradas que dan lugar a la «corona estelar». Esta parte externa a la estrella es la única zona visible.

Entonces, del centro de las estrellas escapan dos elementos: ondas de radiofrecuencia y materia. Las ondas se dispersan desde el astro en todas las direcciones del universo, pues la gravedad no les afecta, en cambio, los elementos con masa son atraídos de vuelta hacia la estrella debido a la fuerza gravitatoria.

Este suceso se puede visualizar claramente en cualquier imagen de la corona solar, donde se aprecian las llamaradas que salen del Sol y retornan.

¿Cómo podemos confirmar que las estrellas son oscuras y no emiten luz visible? La respuesta es sencilla. Haz un agujero en cualquier corona estelar y mira qué hay debajo. Yo lo he hecho en el Sol. ¡Es broma!, a decir verdad, no he necesitado hacerlo, he aprovechado algunas aberturas de la corona solar, conocidas como manchas solares, para observar lo que se encuentra debajo y, ¡sorpresa!, está todo negro.

Estoy seguro de que tú también has visto esas manchas solares, aunque quizás no te hayas detenido a analizarlas, porque siempre te dijeron que son manchas solares. Y ya está, no te planteaste nada más.

Antes de terminar, te propongo una observación que, aunque no es exactamente igual a lo que sucede en una estrella, proporciona una idea aproximada. Enciende una cerilla en la oscuridad, mira con atención y descubrirás que la cerilla en sí no emite luz, solo produce luminosidad, la llama que se encuentra en la «corona cerillar» :)

En ocasiones, necesitamos desaprender para aprender y en especial, debemos cuestionar lo que está escrito, porque el papel lo aguanta todo.

Agujeros negros

Supongo que la espectacularidad de los agujeros negros, es por eso; porque son negros y no se ven. Pero aplicando la línea de mi trabajo, quizá a partir de ahora no los veas tan oscuros.

Ya conoces que un conjunto de átomos los podemos ver cuando su campo magnético oscila a una frecuencia determinada dentro del espectro visible. En cambio, un grupo de átomos diminutos como el hidrógeno son invisibles porque sus campos magnéticos solo son capaces de resonar a frecuencias superiores a los ultravioleta. En el extremo opuesto, te puedo asegurar que un superátomo imaginario con cientos de protones en su núcleo y con un campo magnético gigantesco, tampoco lo veríamos porque su frecuencia de oscilación sería tan baja —por debajo de los infrarrojos— que también estaría fuera del espectro visible.

Ya que te he puesto en antecedentes, ahora imagina qué pasaría si a un átomo de oganesón, con sus 118 protones, le añadimos a la fuerza —mucha fuerza :) — un átomo de fermio, con sus 100 protones más. La fusión nuclear resultante sería espectacular. Si siguiéramos fusionando nuevos átomos de fermio, tendríamos un recorrido breve. No estoy seguro de cuántos procesos realizaríamos, porque en algún momento, el resultado sería devastador para la Tierra. Habríamos creado un superátomo, aunque me temo que no lo podríamos contar.

Esto podría ser el inicio de un agujero negro, un ente microscópico con miles de protones y con sus respectivos electrones bailando a su alrededor. Un elemento con una fuerza gravitacional tan inmensa que indefectiblemente atraería cualquier materia que se encontrara en su camino. Además, lo haría con tal violencia que directamente se fusionaría aumentando su núcleo.

Con esta exposición, creo que ahora tienes clara la estructura de un agujero negro: millones de protones y neutrones en el núcleo, con el número proporcional de electrones orbitando a su alrededor. Todo ello con una arquitectura planetaria igual a la de cualquier átomo.

En varias ocasiones te he recordado a lo largo del libro que a la naturaleza le encantan los patrones repetitivos, como el modelo planetario. Un arquetipo que lo repite cada vez que puede.

El proceso de crecimiento exponencial de los agujeros es infinito: cuantos más protones, mayor es la fuerza gravitacional. En definitiva, un agujero negro es un devorador insaciable. No sé por qué, pero este aspecto me recuerda mucho a los políticos.

Un átomo con estas características lo podríamos considerar un agujero negro y su tamaño sería tan grande que quizá ocuparía una milésima de milímetro. Tal vez exagero, no sé.

Pero de lo que sí estoy seguro es que este superátomo no podría resonar a una frecuencia visible. Ese es el principal motivo por lo que no vemos los agujeros negros. Así de simple. Ni es negro, ni es agujero, es sencillamente un «átomo supermasivo».

Es posible que te preguntes que, si la estructura de campo magnético de los agujeros negros es similar a los átomos, ¿a qué frecuencia oscilan? No es necesario realizar cálculos complejos; debido a su tamaño, sus frecuencias de oscilación se encuentran muy por debajo de los infrarrojos, en la gama de microondas. Por tanto, no emiten luz visible. De hecho, la mayoría de las radiaciones de microondas que recibimos del espacio son emitidas por agujeros negros.

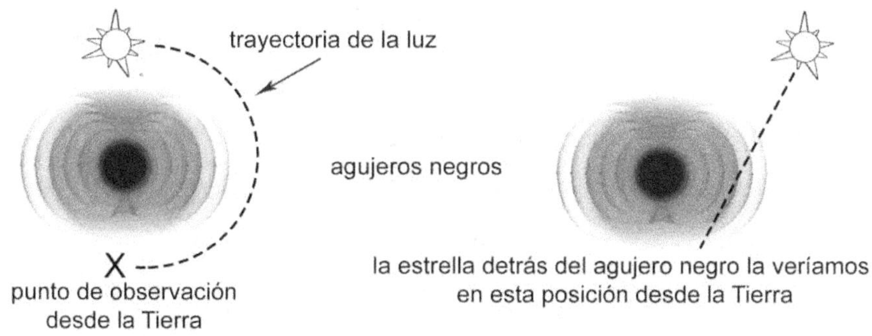

la luz esquiva la gravedad de los agujeros negros

Por otra parte, deseo aclararte algunos errores flagrantes de la ciencia. En general, los científicos afirman que el poder gravitatorio de los agujeros negros es tan inmenso que ni siquiera la luz escapa a su gravedad. Esto es un desliz científico, pues la gravedad modifica la trayectoria de la luz, pero no la absorbe. De hecho, los astrónomos pueden observar, aunque no siempre sean conscientes de ello, estrellas situadas detrás de los agujeros negros. Esto sucede porque la luz contornea estas masas gravitatorias tan colosales. Te puedo aportar más evidencias. Fíjate cómo las ondas de radio escapan de la gravedad de la Tierra, o la luz abandona el Sol sin ningún problema.

Otro error cotidiano entre algunos científicos es atribuir el ruido cósmico de microondas al Big Bang. Desde un punto de vista de la física, esto es equívoco: el Big Bang no pudo producir ninguna señal de radiofrecuencia. En todo caso, y de ser así, hace muchas primaveras que esas ondas habrían pasado de largo de la Tierra. Los planetas y astros se trasladan más despacio que las ondas de radiofrecuencia. Esto es evidente, pues fíjate dónde estamos nosotros y en qué lugar lejano deben encontrarse esas supuestas señales del Big Bang.

Lo cierto es que la mayoría de la radiación cósmica de microondas que recibimos, se debe sobre todo a los millones de agujeros negros que circundan nuestro espacio.

En cuanto al tamaño de estos superátomos, no te he comentado nada, pero no puedo omitirlo porque resulta muy curioso. Son unos monstruos diminutos y fascinantes. No existe nada en la naturaleza que tenga tanto poder con un tamaño tan microscópico.

Si pudiéramos extraer todos los protones y neutrones de los átomos del Sol para concentrarlos en un punto, es probable que ocuparan una décima de milímetro. Por lo tanto, el núcleo de un agujero negro que se encuentra en el centro de cada galaxia, quizás tenga el tamaño de un centímetro cuadrado. Otro aspecto distinto es la magnitud de su campo magnético formado por los miles de millones de capas de electrones. Es posible que tenga un metro de diámetro. Es surrealista pensar que un macroátomo de un tamaño tan minúsculo esté gobernando y doblegando a toda la materia que circunda cualquier galaxia como la Vía Láctea.

Y voy a concluir, ya que de lo contrario me quedaré sin materia para el próximo capítulo *El Big Bang*. Pero antes, déjame que te cuente una curiosidad.

¿Es posible ver los agujeros negros? Sí, la inmensa mayoría se perciben porque están en fase de aniquilación. Se encuentran en plena faena engullendo todo lo que pillan por el medio: sistemas solares, planetas, estrellas y demás. Los vemos como unos objetos muy luminosos gracias a los miles de millones de estrellas que circundan a sus alrededores. Los llamamos galaxias. Es curioso, los agujeros negros los podemos visualizar igual que las estrellas: son astros oscuros y los vemos gracias a la materia que les rodea.

En cambio, cuando un agujero negro ya ha acabado con todo atisbo de materia en su proximidad, lo encontramos solo, aparentemente apacible y oscuro. Sin embargo, no te engañes, es un killer cósmico en reposo, pero no dormido.

De hecho, cuando ya no queda más materia al alcance de estos átomos supermasivos, el siguiente paso devorador será engullirse entre ellos. Los agujeros negros no dejan títere con cabeza.

Pero hay una cuestión muy importante que determinará el tipo de fusión de estos átomos supermasivos. Se pueden unificar a través de la «danza de la muerte» o de manera muy compulsiva.

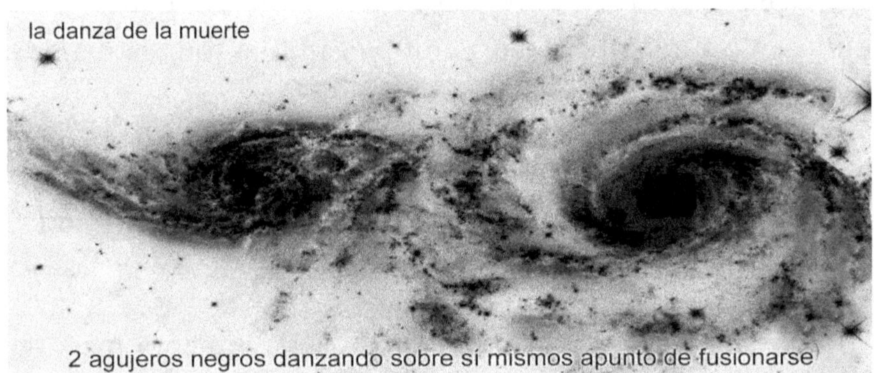

Cuando los agujeros negros no se encuentran demasiado alejados entre sí, la atracción mutua se desarrolla de manera aparentemente tranquila y de forma progresiva. Los dos agujeros negros se irán aproximando realizando una danza circular, uno en torno al otro. Finalmente, se fusionarán formando un agujero negro de mayor tamaño y potencia. Esta unión provocará una ingente cantidad de energía, en su mayor parte en forma de ondas de microondas.

Sin embargo, existe otra manera de fusión más agresiva. Sucede cuando los agujeros negros se encuentran a una distancia colosal. De esta manera terminó el universo anterior, y con el intrigante Big Bang comenzó el macrocosmos que vivimos.

Pero no te lo voy a contar aquí, porque no quiero hacerte espóiler sobre el interesante capítulo, *El Big Bang*.

En todo caso, si deseas recordar a estos monstruos devoradores de manera más amable, piensa en los «átomos supermasivos» como las roombas del espacio; barren todo lo que encuentran, pero retroalimentándose en tamaño y en potencia. Son las escobas del cosmos.

* «Roomba». Aspirador doméstico que limpia de forma autónoma todo lo que encuentra a su paso.

El Big Bang

No me negarás que sería emocionante conocer cómo empezó todo. Poder entender qué o quién activó el detonador del Big Bang para que nuestro universo comenzara a rodar. ¿He dicho «comenzar»? ¿Acaso el Big Bang fue el inicio de todo?

Demasiados debates, dudas e hipótesis de una escena tan breve. Y finalmente, seguimos igual de ignorantes. Bueno, al menos hasta ahora, porque quizá mis pensamientos te ofrezcan la posibilidad de contemplar desde otro punto de vista el misterioso día de la creación.

Fíjate qué dijo Einstein al respecto, incluso lo han calificado como su primer error: «Me niego a creer que el Universo tuviera un principio». No será la primera vez en la historia que una idea rechazada por todos se convierta en una genialidad a lo largo de los años. Espero que mi aportación sirva para echar una mano póstuma a Albert. El tío se lo merece.

Para introducirnos en el principio del universo, todo depende de lo que entendamos como principio. ¿Es nuestro Big Bang el único o han existido otros? Quizás descubras en este capítulo algunos conceptos de lo que significa principio. Te voy a contar, lo que desencadenó el Big Bang según mi deducción.

Anteriormente, te comenté qué son los agujeros negros y su estructura. Pues bien, imagina que nuestro cosmos, en un futuro muy lejano, se encuentra limpio de materia. Ya no queda nada, ni polvo, ni asteroides, y mucho menos planetas y estrellas. Todo lo han devorado los agujeros negros y al final, estos monstruos se han engullido entre ellos. Pero supongamos que solo quedan dos átomos supermasivos o agujeros negros, situados en los extremos opuestos del universo. ¿Qué crees que pasaría?

dos agujeros negros aproximándose a 10 000 km/s

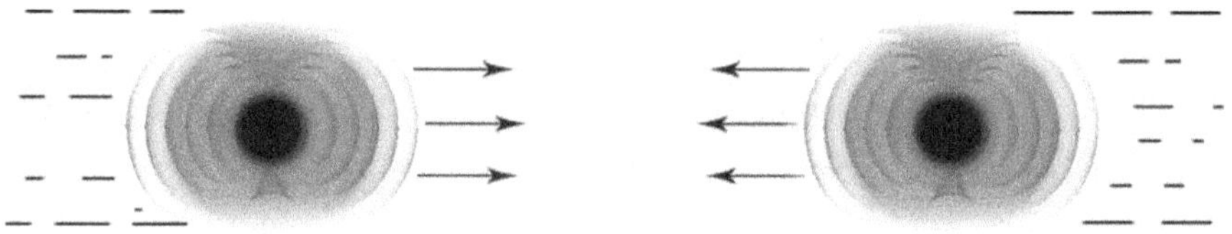

dos agujeros negros apunto de colisionar y generar un Big Bang

Por supuesto, ambos se verían afectados por la potencia gravitacional mutua, máxime que en esos momentos ya no existiría ninguna otra fuerza de gravedad que les pudiera distraer. Inexorablemente, se dirigirían frontalmente uno contra otro. Con la bestial masa que posee cada uno de estos átomos supermasivos, junto con sus fuerzas gravitacionales y además de la gran distancia que les separa, obtendrían una aceleración impresionante, una combinación perfecta para provocar una colisión descomunal.

Imagina la magnitud de la aceleración que podrían alcanzar estos dos monstruos en el momento del impacto. En lugar de una fusión nuclear con la «danza de la muerte», lo que ocurriría sería un desastre sin precedentes: los dos agujeros negros se desintegrarían y el universo escucharía un fuerte Bing y un sonoro Bang. Sería la primera explosión atómica de la historia de nuestro mundo. En este caso, con la fisión del superátomo de la creación.

la explosión del Big Bang fue en espiral centrífuga y no radial

Supongo que ya puedes deducir el desenlace. Con esa gran explosión, los protones de ambos agujeros negros se liberarían esparciéndose en todas las direcciones del espacio. Los electrones seguirían el mismo camino. En el primer segundo de esa gran explosión, los protones se irían emparejando con los electrones que encontraran en su trayectoria. Y así, vuelta a empezar; un déjà vu de la creación.

Existe una cuestión que, hasta donde yo sé, nadie ha tratado. ¿Cómo fue la explosión de la creación? La ciencia habla de la explosión del Big Bang sin especificar nunca su forma. Creo que este aspecto es relevante porque determina en cierto modo cómo se realizó la expansión de nuestro universo. Fíjate si es interesante este dato para comprender algunos aspectos, ya que en la actualidad nos encontramos en ese estadio expansionista.

Recapitulemos un poco. Siguiendo mi línea de trabajo, un agujero negro es un átomo supermasivo. Entonces, su núcleo gira con un movimiento rotacional a una velocidad infinita $v\infty$. Por tanto, la explosión del Big Bang debió ser centrífuga, expandiendo todos los elementos de forma rotacional. Para que tengas una idea clara, fue exactamente a la inversa de la imagen que nos muestra cualquier galaxia. Esto significa que nuestro universo es más bien plano.

Esta forma espiral no es caprichosa, pertenece a una arquitectura áurea o número de Dios. Uno de tantos patrones que, como ya te he comentado a lo largo del libro, le encantan al ingeniero de la creación. La proporción áurea la podemos encontrar en nuestro mundo en pequeñas plantas, caparazones de muchos caracoles e incluso en las formas de las galaxias.

No creas que aquí acaba o empieza todo. Existen otros aspectos que deseo plantearte para estimular tu imaginación. ¿Te has preguntado qué tamaño podrían tener los dos últimos agujeros negros? Debes considerar que estos dos monstruos se han engullido todos los protones, neutrones y electrones del universo; solo quedan ellos dos. Pues bien, es probable que los núcleos de estos dos átomos supermasivos quepan en la palma de tu mano. Es asombroso que algo tan pequeño pueda transformarse en un universo tan descomunal.

Por otra parte, deseo compartirte otro aspecto. El universo no se limita solo al espacio que divisamos ni a la materia creada por nuestro Big Bang; el espacio puede ser mucho más extenso. Y seguramente lo es. Por lo tanto, es posible que se produzcan diversos Big Bangs más allá de nuestros puntos de observación. Explosiones astronómicas de las cuales jamás veremos su luz debido a las distancias. Y si algún día llega esa luz, en nuestro universo ya habrán sucedido diez Big Bang. O más.

Después de analizar mi exposición sobre el Big Bang, quizá Einstein no se equivocó y el universo no tuvo un principio, sino que fue otra etapa más.

La cara de la Luna

¿Qué es lo que tiene la Luna que ha fascinado tanto a las diversas civilizaciones a lo largo de la historia? En algunas culturas ha sido una deidad; para ciertos escritores, una musa, y a muchos músicos les ha proporcionado una fuente de inspiración. Recuerda a Beethoven y Debussy con sus «Claro de Luna».
¡Ah!, perdona que me cite, y en mi caso ha dado luz a la portada.

No obstante, la cara oculta de la Luna es la parte más intrigante en la actualidad. Supongo que también es tu caso. En cambio, la cara visible de nuestro satélite es para mí el lado más enigmático y desconcertante.

Parece que ir a contracorriente es mi modus vivendi, una praxis que, en momentos de autocrítica me desconcierta. Pero me vengo arriba cuando recuerdo que los peces que nadan a contracorriente, son los únicos que tienes certeza de que están vivos.

Por ello, no me voy a cortar un pelo y te seguiré contando por qué me parece tan espectacular la cara visible de la Luna. Nuestro satélite nos muestra la misma cara desde que se estabilizó en la órbita terrestre. Es posible que para los románticos pueda tener una interpretación más sencilla: la Luna nos muestra su mejor cara. Pero en ciencia, eso no cuela.

Te recuerdo la explicación que nos ofrece la ciencia en este aspecto: la Luna posee rotación, y el tiempo que emplea en dar una vuelta sobre su propio eje es el mismo que tarda en completar una órbita alrededor de nuestro planeta. Ese es precisamente el motivo por el que la Luna nos muestra siempre la misma cara, un fenómeno conocido como rotación sincrónica.

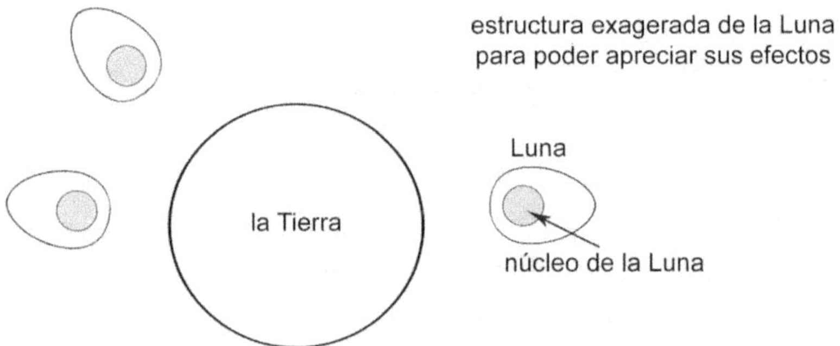

la teoría del huevo explica por qué vemos la misma cara de la Luna

Es evidente que esta interpretación no me convence, de lo contrario no estarías leyendo este capítulo. En la naturaleza nada es perenne y en el universo todo es cíclico, salvo que una fuerza exterior lo condicione. Por ello, la Luna no puede tener una perfecta rotación síncrona a lo largo de millones de años.

Entonces, ¿por qué nuestro satélite nos muestra siempre la misma cara? La explicación es bastante sencilla. Te voy a proponer un ejemplo que te facilitará la comprensión de mi exposición. Existen millones de asteroides girando alrededor del Sol. Estas rocas no son uniformes, por lo tanto, si disponen de un lado más grande y pesado, siempre está situado de cara al Sol debido al efecto de la gravedad.

Imagino que ya estás vislumbrando mi propuesta. Efectivamente, la Luna no es redonda. Exagerando su estructura, te diré que es exactamente como un huevo. De ser cierta mi exposición, la ciencia la llamará la «Teoría del Huevo». Lo sé, parece cachondeo, pero no se me ha ocurrido ningún símil más clarificador.

Seguro que en alguna ocasión has visto un huevo hervido seccionado longitudinalmente. Habrás observado que la yema no se encuentra situada justo en el centro del huevo, sino que está desplazada hacia un extremo. Precisamente así es la estructura de la Luna. Es evidente que no tiene una forma oval tan exagerada, pero la yema, en este caso el núcleo de la Luna, sí que se encuentra desplazado hacia la cara visible que nos muestra.

Ten en cuenta que en el centro de todos los astros se concentran los elementos más pesados, por lo tanto, cuando el núcleo de la Luna se fue formando, se posicionó descentrado debido a la gravedad terrestre.

Posiblemente con mi hipótesis que publiqué en 2009 he roto los sueños de los románticos y las neuronas de los estirados, pero creo que es una explicación, cuanto menos, muy racional.

Coffee break

El tiempo de este café te lo dedico a un tema muy curioso, aunque con ello te rompa el encanto de un sueño. Voy a desmitificarte la idea de que el ruido que vemos en las pantallas de los televisores analógicos sean señales residuales del Big Bang. A pesar de que muchos científicos que se han metido en este charco, hayan dado por buena esa ocurrencia, puedo asegurarte que están equivocados. Los sueños duran hasta que alguien te despierta.

Como el tema está relacionado intrínsecamente con las ondas de radiofrecuencia, en este terreno juego con ventaja. Así que voy a ofrecerte una explicación sobre los granos, o ruido de fondo, que observamos en las televisiones antiguas.

Si has leído los capítulos anteriores, recordarás que te hablé sobre la resonancia, la oscilación de las ondas, la polarización de las antenas, y otros conceptos. Entonces, lo que te voy a contar a continuación, lo comprenderás con facilidad.

Cualquier antena de televisión recibe de forma simultánea miles de millones de ondas en toda la gama de frecuencias, desde la luz, pasando por microondas, las ondas de televisión y las de radio. Aunque a simple vista pueda parecer que una antena sea un pedazo de hilo eléctrico o un tubo de aluminio, no te equivoques, en realidad es un circuito resonante a una frecuencia específica. Sus medidas están calculadas para que así sea.

el grano de TV no es radiación residual del Big Bang

La única función de una antena es captar las ondas comprendidas en su rango de frecuencias e ignorar las demás. En este punto estamos ante el primer circuito resonante, o filtro, de todos los que se encuentran a lo largo del recorrido en el sintonizador de la televisión.

Cuando la señal de la antena llega a la unidad de recepción de la TV, ya está bastante limpia y se han intentado eliminar la mayoría de las frecuencias no deseadas. Solo las ondas relevantes continuarán su camino. A pesar de ello, en este punto todavía existen muchas ondas inútiles, aunque atenuadas.

El primer circuito electrónico por donde entran todas estas frecuencias es el sintonizador de R.F. —radiofrecuencia—. Consiste en circuitos resonantes con un alto factor Q —factor de calidad de un circuito resonante—. Su función es eliminar las frecuencias indeseables y amplificar solo las esenciales. En este paso ya no queda ni rastro de ningún tipo de frecuencias ajenas al rango de televisión. Todas las espurias de radiofrecuencias de radio, microondas y demás ondas, han sido eliminadas.

Como curiosidad, te contaré algunos datos técnicos más. A continuación del sintonizador se encuentra un circuito mezclador que por heterodinaje, convierte las frecuencias del rango de televisión, entre 400 MHz y 700 MHz aproximadamente, en una frecuencia más baja, unos 38 MHz, con el fin de poderla manipular con más precisión. Finalmente, la única señal deseable llega al amplificador de vídeo.

Esta es una explicación muy sencilla del proceso que siguen las ondas de R.F. de un receptor. Supongo que te habrá sido fácil la comprensión, ya que todos los «palabros» y tecnicismos que te he mencionado los he tratado en sus capítulos específicos.

Entonces, si el ruido de fondo de las pantallas de televisión no son restos de microondas del Big Bang, ¿qué son? Muy sencillo. Por un lado, observamos descargas parasitarias electroestáticas de la atmósfera, como los rayos de tormentas. Pero, sobre todo, es ruido de fondo producido por las distintas etapas amplificadoras.

Cuando amplificamos en gran medida una señal analógica, es evidente que conseguimos aumentar dicha información electrónica. Pero debes de saber que también intensificamos todo el débil ruido que producen los electrones en su tránsito «transistores» a lo largo de las distintas etapas amplificadoras.

Este susurro de fondo no es perceptible cuando está presente una señal potente, pero en su ausencia el ruido residual se hace evidente. Prueba poner en marcha un amplificador de sonido muy potente sin música, dale volumen a toda caña y escucharás el ruido de fondo. Si en lugar de utilizar un equipo de sonido lo haces con un amplificador de video, observarás grano en la pantalla.

Se me ocurre otra prueba que te resultará más familiar. Toma tu móvil y haz una foto con poca luz. Luego la pasas por un programa como GIMP —alternativa a Photoshop gratis— y le aumentas la luminosidad. Comprobarás que la imagen se llena de grano. Eso no son restos del Big Bang :), es ruido del amplificador.

Bueno, hasta aquí mi explicación sobre el ruido de fondo del supuesto Big Bang. Sin embargo, como estamos en la tercera parte de mi trabajo, donde doy rienda libre a mis desmadres, y además genéticamente no puedo evitarlo, te voy a dejar un bonus track que estoy seguro de que te gustará.

Los magnetófonos o cassettes antiguos disponían de unos amplificadores de la época con pésima calidad y muchos ruidos parasitarios. Algunos conspiranoicos espirituales ponían en marcha estos equipos para grabar durante horas. Con posterioridad reproducían las cintas con una alta amplificación. Como resultado, en ocasiones quedaban grabados en los magnetófonos ciertos ruidos electrónicos parasitarios. Tras repetir incesantemente ese fragmento de cinta, podían imaginar que algún ruido simulaba una voz del más allá. Por supuesto, para percibirlos debías de tomar algo fuerte con gran dosis de imaginación y ser un ilustrado ignorante. A este fenómeno lo llamaron psicofonías.

El ruido es tan solo un rumor que, en ocasiones, puede ofrecer una modulación concordante con algún sonido familiar. Respecto al Big Bang, te aseguro que Dios no hizo el menor ruido el día de la creación. Y mucho menos, lo retransmitió por televisión.

Telepatía

Aunque no hay evidencias de que la telepatía tenga relación con las ondas, lo cierto es que existe algún tipo de comunicación entre determinadas personas. Por ello, he querido tratar este fenómeno ya que deseo contarte varios rasgos que me parecen sorprendentes y desde luego, no te van a dejar indiferente.

En realidad, no existen hechos científicos sobre la física de la telepatía; en cambio, la vida cotidiana nos muestra anécdotas que manifiestan la existencia de este fenómeno. De hecho, a lo largo de la historia, algunos gobiernos han dedicado muchos recursos para intentar controlar la telepatía. Pero sin éxito.

Ante todo, quiero que sepas que me fascina el estudio de estos fenómenos inexplicables, siempre analizados desde un prisma científico. También quiero manifestarte que no tengo, ni de coña, ningún poder extrasensorial. No deseo que a través del relato de mis experiencias interpretes lo contrario.

Conoces de sobra que la telepatía se produce cuando dos personas piensan lo mismo en un momento exacto, independiente de la distancia que los separe. Pero no todos los casos se pueden considerar telepáticos. En concreto, no se acepta como válido este fenómeno si el entorno o las circunstancias lo favorecen.

Te dejo algunos ejemplos cotidianos que no tienen nada que ver con la telepatía: una pareja pasea tranquilamente, es la hora de comer y ambos comentan al mismo tiempo qué van a preparar de menú. Otro caso que no es válido, y me sucedió a mí: Rosa me llamó por teléfono un día a mitad de la mañana con el fin de recordarme que tenía que hacer una reserva para mediodía. Justo en ese momento estaba contratando la mesa del restaurante.

Multitud de personas con una larga convivencia tienden a coincidir en muchos pensamientos debido a los nexos que han desarrollado en el trascurso de los años. Todo esto que te he comentado no tienen ninguna relación con la telepatía.

En cambio, observa la diferencia; podríamos considerar un fenómeno telepático, si justo en el momento que me llama Rosa, estoy realizando esa gestión sobre una cuestión concreta que no habíamos comentado desde hacía meses.

A lo largo de mi vida nunca experimenté ningún suceso que pudiera evidenciar esta rareza psíquica. Pero eso cambió cuando conocí a Rosa. En demasiadas ocasiones, ambos observamos que nos surgían los mismos temas de conversación de manera simultánea. Todavía recordamos que a menudo, íbamos en el coche y yo iniciaba cualquier asunto que coincidía justo con lo que ella estaba reflexionando.

En principio, esta circunstancia era graciosa, pues nos conocíamos desde hacía muy poco tiempo. Este detalle es muy importante.

Con posterioridad, estas circunstancias se repitieron en múltiples situaciones, hasta que un día Rosa me confesó que en ocasiones, tenía miedo de pensar algo porque le daba la sensación que siempre se lo adivinaba.

Pasado un tiempo, ya casados, le propuse a Rosa hacer un experimento con las cartas Zener. El resultado fue desastroso. No recuerdo si acertamos un 25 %. Ten en cuenta que hasta un 33 % se considera estadísticamente casual. A pesar del fracaso, y aunque Rosa niega el fenómeno de la telepatía, eso nos sigue sucediendo en la actualidad después de tantos años casados. Nunca he conseguido averiguar quién de los dos es el emisor y el receptor.

La rareza telepática es compleja. Ten en cuenta que, además de producirse el suceso, ambas personas deben comunicar su pensamiento, de lo contrario el fenómeno pasa inadvertido. Esto reduce considerablemente el número de casos detectados.

Antes de ofrecerte una posible explicación científica, quiero matizarte un aspecto que hace inviable este fenómeno por medios conocidos. La telepatía no se realiza por ondas magnéticas. Es imposible. Sabemos que esta comunicación extrasensorial se produce sin limitaciones de distancia. Además, imagina la potencia que debería tener un emisor para transmitir una señal de Valencia a París. Por ejemplo.

Entonces, ¿cómo se efectúa la comunicación telepática? Lo único cierto es que la telepatía se produce de forma descontrolada y surge de manera espontánea. Por eso, todos los experimentos fracasan. Por la misma razón, nuestro ensayo con las cartas Zener fue un desastre.

Ahora te voy a contar otro suceso telepático que te dejará perplejo. Lo he vivido en primera persona, y comprobarás que el factor casualidad es una probabilidad muy improbable. Puede ser considerado como una premonición, aunque si observas los datos cronológicos, confirmarás que se trata de un fenómeno telepático al borde de la muerte.

Hace algún tiempo, hice amistad con un vecino; Alberto Garrote. Sucedió durante un verano cuando alquiló una casa en la playa junto a la mía. Pronto establecimos una buena relación al compartir muchas afinidades en distintas áreas. Los dos pintábamos al óleo, practicábamos el arte de los bonsáis y los dos repudiábamos que nuestra libertad la regularan siempre los políticos de manera sistemática.

Cuando el verano acabó y dejamos de vernos, seguimos manteniendo contacto por WhatsApp. Aunque yo no soy muy «wasapero», la realidad es que respondo e interactúo con todo el mundo. De modo que, Alberto me enviaba algún mensaje de vez en cuando y siempre le contestaba.

En la mañana del 8 de julio de 2021, en el trabajo y sin razón aparente, me vino a la memoria Alberto. Recordé que hacía unos días, los vecinos me comentaron que este año no iban a alquilar la casa y por lo tanto, no vendría Alberto y su familia.

No es habitual que en horario laboral envíe wasaps particulares, pero en esta ocasión sentí la necesidad sin saber por qué. En ese momento fui consciente de que no había recibido ningún mensaje suyo desde el 26 de mayo.

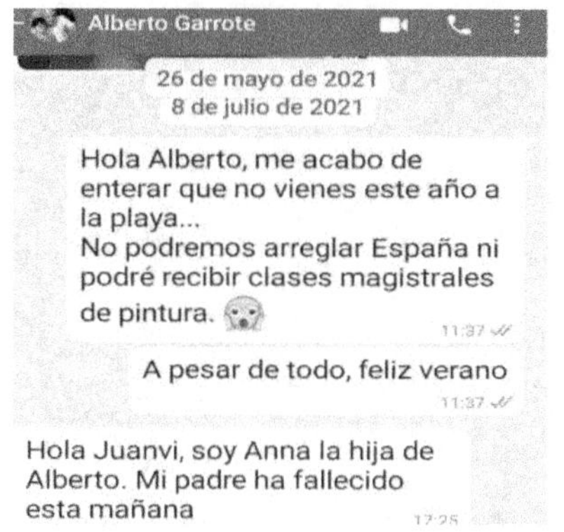

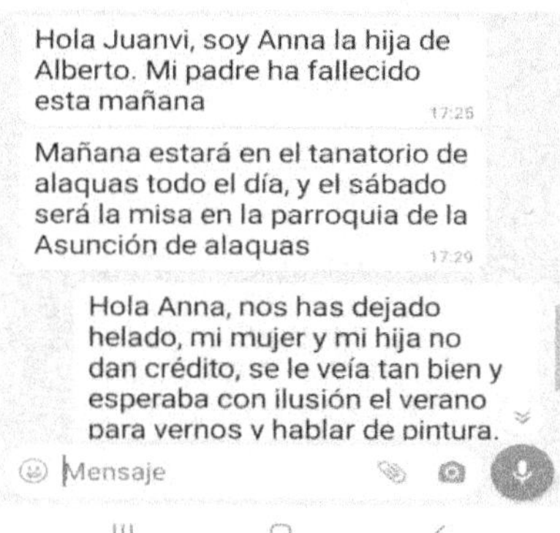

Si observas la captura de pantalla de mi WhatsApp en la imagen adjunta, entenderás mi sorpresa. Puedes analizar la fecha del anterior mensaje en mayo y las horas de los mensajes del 8 de julio.

Fíjate que curioso, sin saber por qué, justo en el momento de su fallecimiento, él me vino a la memoria.

Como te comenté con anterioridad, si no hubiera dejado constancia por WhatsApp, este fenómeno habría pasado inadvertido.

Existen multitud de referencias similares a lo largo de la historia, pero quizá no tan documentadas de forma gráfica. La comunicación extrasensorial es un fenómeno sin explicación y ni siquiera existe una teoría válida al respecto. No obstante, propongo una brecha por donde sería fascinante comenzar a indagar: el entrelazamiento cuántico.

Es interesante que conozcas el entrelazamiento cuántico, un fenómeno fundamental de la mecánica cuántica. En este proceso, dos o más partículas subatómicas, normalmente electrones, se vuelven interdependientes. De tal manera que el estado de una partícula no puede describirse de forma independiente; está intrínsecamente ligado al estado de las otras.

Esto significa que, aunque las partículas estén separadas por distancias enormes, los cambios en una de ellas afectan a la otra al instante, en consecuencia, estas influencias se producen a velocidades superiores a la de la luz. El entrelazamiento cuántico desafía nuestra intuición sobre cómo funcionan las partículas en el mundo subatómico.

Es posible que el comportamiento de estas «partículas gemelas» sea capaz de configurar las mismas conexiones sinápticas en sujetos distintos, generando idénticos pensamientos. Mi propuesta explica tres aspectos esenciales de la telepatía: la inmediatez de la información, el hándicap de la distancia y por qué la mayoría de las personas no pueden experimentar este fenómeno con todo el mundo, solo con aquellas que poseen estas «partículas gemelas».

Conclusión, la telepatía pertenece al entorno cuántico y por lo tanto, no puede abordarse mediante el método científico, ya que es imposible someterla a la falsabilidad, predictibilidad y reproducibilidad. La telepatía va a su bola.

Coffee break

En estos instantes desconozco si va a ser el último café que tomemos juntos en este viaje o quizá nos encontremos en otra travesía, por ello no quiero dejar de comentarte otro aspecto más sobre los estirados, esos personajillos grises que nos han acompañado a lo largo del libro.

Cada vez que leo ciertos artículos científicos, me siento muy torpe a pesar de tratar sobre temas que de alguna manera conozco. Imagino que tú también habrás experimentado esta sensación.

En principio, siempre pensé que era una apreciación personal hasta que me topé con este artículo del doctor en física y astrónomo Fernando Ballesteros Roselló y el profesor Eusebio V. Llácer Llorca.

En 2012, publicaron un ensayo divulgativo sobre el lenguaje científico. Aunque no citan de manera expresa a los estirados, creo que sus argumentos no dejan lugar a duda: «La opacidad del lenguaje científico produce una barrera invisible que coadyuva a la diferenciación y, en último caso, el aislamiento de la comunidad científica frente al resto de la sociedad. No es pues descabellado pensar que, dado que el lenguaje científico ya de por sí plantea graves dificultades para el lector medio, esto pueda ser en no pocas ocasiones aprovechado por ciertos científicos como una suerte de muralla comunicativa, que los mantiene seguros en su torre de marfil y a una distancia más que prudencial de los legos, y los hace aparecer ante el resto como una suerte de élite intelectual, a salvo de la crítica y por encima de la gran masa social».

Como puedes ver, no solo es una percepción nuestra; estos dos divulgadores están estrechamente relacionados con la ciencia y opinan lo mismo. Es más, lo expresan sin cortarse un pelo.

Cuando estudiaba teleco, de eso hace años, en ocasiones debíamos recurrir a libros americanos porque los ingenieros españoles eran infumables. Ya en esa época tenía claro el perfil de las dos vertientes de escritores. Esto se aprecia sobre todo en las materias de tecnología y ciencia: los escritores españoles escriben para exhibir cuánto saben, mientras que los americanos lo hacen para enseñar con sus conocimientos.

Al margen de los estirados, la comunidad científica es en general una casta bastante hermética que no permite intrusos en su terreno. Por tanto, imagina cómo van a recibir todas mis propuestas, pero tranqui, la verdad es muy tozuda y siempre emerge.

Esto me hace recordar una frase dirigida al mundo científico que pronunció Richard Mansel, fundador y director general de IVO, acerca de su proyecto del motor cuántico: «No es tanto que hayamos roto las leyes de la física y hayamos dado con una nueva física, más bien estamos ampliando nuestra física actual con más física, que es en lo que todos los científicos deberían trabajar y no tener miedo».

Esta postura supremacista de la élite científica no es una actitud exclusiva contemporánea. El físico alemán y premio Nobel, Max Planck, afirmó en 1902: «Una nueva verdad física no triunfa haciéndoles ver la luz a sus adversarios, sino más bien porque sus oponentes mueren, y las nuevas generaciones crecen familiarizándose con ello».

Por lo general, los estirados se estiran tanto que suelen distanciarse de la sociedad perdiendo en ocasiones el sentido de la realidad.

Esta ha sido mi principal meta en este trabajo: redactar el libro con un lenguaje fácil, fluido y cercano. No obstante, no ha sido sencillo; he tenido muchas diferencias con algunos editores. Al final, este handbook de ciencia ha visto la luz en su versión original, pensando en esas grandes minorías como tú que pasan de los estirados.

Había una vez un científico tan estirado que, en cierta ocasión, tropezó un lunes y cayó el viernes :)

Método para apagar grandes incendios forestales

Este apartado lo he situado al final del libro debido a que mi experiencia me ha demostrado que no interesa a nadie. Sé que resulta sorprendente que un tema de tanta actualidad sea ignorado por las instituciones públicas. Supongo que mi afirmación puede desconcertarte, pero te voy a sacar de dudas a través del relato de mi historia.

Este método, tan peculiar para combatir los incendios forestales enérgicos, surgió durante el desarrollo de mi trabajo. En esencia, el frío y el calor están relacionados con las ondas magnéticas del átomo. Una vez diseñado, pensé que debía compartirlo, ya que se trata de una herramienta muy eficaz para sofocar aquellos incendios descontrolados.

Rondaba el año 2014 cuando contacté con todos los centros oficiales de España que tenían alguna relación con los incendios forestales. Mi intención era comunicarme con cualquier responsable público para ofrecerle mi propuesta.

La senda que recorrí fue interminable: la Guardia Civil; todos los organismos de bomberos locales, provinciales y autonómicos; Policía Nacional; Protección Civil; algunos políticos, y los múltiples organismos que se me ocurrieron.

Todos se fueron pasando la pelota, hasta que el último me remitió de nuevo al primero: la Guardia Civil. Recuerdo que no le mandé donde pica el pollo, porque estaba seguro de que no me entendería, pero lo que se dice pensar, lo pensé.

Supongo que a estas alturas en la recta final del libro, ya sabes que soy técnico en telecomunicaciones y controlo bastante bien el mundo digital, el SEO y las redes sociales. Gracias a esto, publiqué varios artículos que aún permanecen activos ocupando las primeras posiciones de Google. Hasta ahora nadie se ha interesado por el proyecto.

Desde entonces, el secreto duerme con tristeza en mi interior, y cada vez que se desencadena un fuego desenfrenado, ya sea en España o en cualquier parte del mundo, la desolación me invade.

Ahora te contaré lo que pueda sobre mi diseño, pero evidentemente sin desvelarte por completo el invento. El proyecto tiene como objetivo sofocar grandes fuegos salvajes, aquellos que se desmadran con tal magnitud que resulta imposible acercarse con helicópteros o cualquier medio convencional.

Mi prototipo incluye entre otros elementos, explosivos y productos que inhiben la actividad de los campos magnéticos de los átomos. Es decir, reducen las altas temperaturas.

Una de las ventajas es que este prototipo se puede lanzar a distancia, incluso con un dron, y a pesar de las altas temperaturas, mi propuesta impide que los productos activos se evaporen antes de acercarse al foco del incendio. Para colmo, debo señalarte que es un sistema totalmente ecológico.

Mi propuesta, en el caso de resultar productiva, despertaría un interés internacional. Llegados a este punto, quizá te preguntes por qué no lo he patentado. Existen tres razones. En primer lugar, sería necesario realizar una patente a nivel internacional, eso es evidente. El segundo motivo, es que cualquier invento de utilidad pública pasa automáticamente a ser propiedad del Estado. Y tercera, esta es la parte más divertida, me parece que para registrar una patente es necesario presentar planos y pruebas de ensayo. Creo, y solo lo creo, que a la Guardia Civil no le gustaría mucho que fuera por ahí provocando fuegos y jugando con dinamita.

Pero quién sabe, es posible que este capítulo del libro traspase por casualidad alguna frontera y alguien por ahí, se interese por mi proyecto y me invite a comer. Ya sabes que alrededor de una mesa, se encienden pasiones y se sofocan fuegos.

Epílogo

Irremediablemente tenía que ocurrir, hemos llegado al final de este túnel. No sé si ahora veremos más luz, ya que desconozco si he cerrado una puerta o he abierto múltiples ventanas. Lo cierto es que con el avance científico siempre sucede lo mismo: cuando pensamos que hemos solucionado una cuestión, por lo general nos topamos con más incertidumbres. No obstante, gracias a ello, la humanidad consigue avanzar hacia el conocimiento universal.

A lo largo de mi obra, he removido muchos pilares que parecían inamovibles. Solo el tiempo y las futuras investigaciones dirán la penúltima palabra.

En todo caso, creo que los planteamientos que he compartido contigo son coherentes. Por ello, a menudo, cuando miro a mi alrededor, me surgen muchas preguntas: ¿de qué va todo esto? Me refiero a qué sentido tiene nuestra existencia. Si es cierta mi teoría y el 99,9999999 % del universo son campos magnéticos, entonces, ¿es real lo que vemos y percibimos a nuestro alrededor, o estamos inmersos en un mundo holográfico?

La realidad que vivimos es verdaderamente alucinante. Fíjate, si consiguiéramos agrupar todos los protones del universo, cabrían en la palma de tu mano. ¿Cómo una cosa tan diminuta es capaz de generar un universo tan grande?

Quizás, nuestro mundo no existe en realidad; todo lo que vemos es una fantasía y una interpretación del cerebro. Prácticamente, solo estamos rodeados de campos magnéticos.

Es posible que pienses que se me ha ido la olla. Quizás sea así y no me extraña, ya que la mayoría de las personas que profundizan en el universo cuántico, terminan con tocs severos o cazando moscas.

Sin embargo, te voy a narrar una historia original mía que escribí hace tiempo. Este relato sería ideal para una producción cinematográfica. Lo podríamos clasificar dentro del grupo de ciencia ficción, aunque la historia está basada en hechos tecnológicos casi posibles en la actualidad.

La escena se sitúa a principios del año 2042 en EE. UU., como es habitual. El potencial creativo de los garajes en este país es innegable.

Los acontecimientos tienen lugar en la empresa Nextplusfort, ubicada en las proximidades de Seattle, que por estas fechas ya se ha convertido en un referente de las nuevas tendencias tecnológicas, superando incluso a Silicon Valley.

Nextplusfort ha destinado un equipo de 200 ingenieros para desarrollar un videojuego de última generación conocido como el proyecto Andros.

Las características principales de esta realidad virtual son que se desarrolla en un entorno 3D similar al nuestro. Por otra parte, los protagonistas que participan en el videojuego están dotados de IA autogenerativa, es decir, son capaces de crear y aprender despacio. Un nivel de inteligencia escaso, similar al de los humanos.

Por otra parte, el programa se diseñó con un ecosistema semejante al nuestro. Andros dispone de un satélite, varios planetas y un sol. El resto de la bóveda celeste, los programadores se limitaron a recrearlo para ahorrar costes de programación. Además, los habitantes de Andros jamás podrían llegar a otras estrellas o galaxias, al simular que se encuentran a millones de píxeles luz de distancia.

En realidad, este tipo de proyectos no se denominan juegos sino autojuegos, ya que los usuarios solo pueden participar siendo observadores pasivos, es decir, similar a estar viendo una película o el Gran Hermano.

Cuando el programa Andros comenzó a rodar, tan solo ocupaba unos 100 Tbit en el data center. Estuvo en funcionamiento así, casi invariable durante varios meses. No obstante, en las últimas semanas, el crecimiento de uso del espacio en las unidades de memoria fue tan grande que saltaron las alarmas entre los ingenieros.

Analizaron el desarrollo del videojuego y observaron con asombro que el proyecto había tomado un cariz no previsto. La población del mundo Andros se disparó, la evolución adquirió tintes muy extraños y la agresividad se desencadenó en todos los círculos. La lucha supremacista de clases era el común denominador. En definitiva, los diseñadores habían insertado sus peculiaridades humanas en esos andrinos, y ello estaba proyectando sus efectos.

De cualquier manera, lo más extraño fue cuando los diseñadores del programa observaron algunas inquietudes importantes de los andrinos. Se cuestionaban de dónde venían, quienes eran, que hacían allí y se preguntaban sobre la existencia de un creador divino, entre muchas otras cosas. Todo eso sin percibir que tan solo eran un producto de programación realizada por otros seres reales. ¿He dicho reales?

Andros fue simplemente una producción holográfica con IA similar a Matrix. Ahora la pregunta que te planteo es la siguiente, en esta historia, ¿nosotros quienes somos, los programadores o los andrinos?

Hay muchos rincones de esta travesía en los que no me he detenido, si me animo, quizás organice otra expedición y espero contar contigo para seguir descubriendo el espectacular brillo de las estrellas.

Hemos compartido muchos momentos y espero que hayas disfrutado abriendo nuevos enfoques en el horizonte. Para mí, ha sido una experiencia indescriptible. Por tu parte, si te lo has pasado bien, recuerda dejar algún comentario con la compra del libro o puedes enviarme tu opinión en la web https://www.portalciencia.es

¡Ah!, y cuando te encuentres con un buen amigo, vas y se lo cascas ;).

«Si tu intención es describir la verdad, hazlo con sencillez y la elegancia déjasela al sastre» — Albert Einstein

Sobre el autor

Si has leído el libro, ya conoces muchos aspectos que forman parte de mi existencia.

La primera decisión importante de mi vida fue abandonar Bellas Artes porque en esa época la electrónica estaba emergiendo con fuerza y me atrapó completamente. Entonces opté por estudiar telecomunicaciones para conseguir el sueño de muchas personas: no trabajar nunca. Y así ha sido. Hice de mi profesión un hobby. De hecho, mi leyenda de cabecera en Twitter decía: «En mi puta vida he trabajado, me han pagado por hacer lo que más me gusta». Ahora ya no lo puedes leer porque me suspendieron la cuenta. Supongo que hablar de libertad y tener 150 000 seguidores me convertía en un peligro social. Ya sabes, a los políticos les gusta tanto la libertad que la persiguen.

Hace unos años empujado por Rosa y Natalia volví a pintar al óleo, supongo que te has dado cuenta por la portada. La plástica es un espacio creativo que comparto con otras aficiones.

Así que el tiempo lo dedico a hacer lo que me place: cultivo bonsáis, me gusta la cocina, escribo artículos y soy creador de contenidos, la mecánica me encanta, los viajes me curan de la endogamia cavernícola y domino bastante bien todas las ramas del bricolaje.

En el aspecto más profesional, soy especialista en equipos de electrónica y radiofrecuencia históricos, desde los aparatos de válvulas de los años 50, pasando por amplificadores de sonido de alta fidelidad, hasta las nuevas tecnologías informáticas, incluyendo programación y estrategias de Internet y SEO.

La felicidad se consigue cuando manejas las riendas de tu vida acompañado con dos negaciones: saber decir que no y no tener miedo a la libertad.

Definitivamente Einstein estaba en lo cierto, todo lo que te he contado es una prueba de que el tiempo es relativo, no dispongo de espacio para aburrirme y se me pasa rapidísimo.

Así ha sido mi vida y dudo mucho que cambie a estas alturas.

316

www.ingramcontent.com/pod-product-compliance
Lightning Source LLC
Chambersburg PA
CBHW051811150726
47998CB00001B/103